I0058437

Die

aichfähigen Gasmesser-Constructionen.

Bearbeitet auf Anregung der Gasmessercommission

des

Deutschen Vereins von Gas- und Wasserfachmännern

von

Dr. Homann,

technischer Hilfsarbeiter der kaiserlichen Normalaichungs-Commission.

Mit 6 Tafeln.

———————

Separat-Abdruck

aus

Schilling's Journal für Gasbeleuchtung und Wasserversorgung

herausgegeben von

Dr. H. Bunte.

München 1894.

Druck von R. Oldenbourg.

Inhalt.

Die aichfähigen Gasmesser-Constructionen.

Von Dr. Homann, techn. Hilfsarbeiter der Kaiserl. Normal-Aichungs-Commission.

(Mit 6 Tafeln.)

Man unterscheidet zwei Gattungen von Gassmessern. Bei der einen geschieht die Messung durch eine rotirende Trommel, welche zum grössten Theile in eine Flüssigkeit taucht — nasse Gasmesser. Bei der zweiten Gattung erfolgt die Messung dadurch, dass Messkammern, die zum Theil von einer elastischen Membrane gebildet werden, sich nach der Art von Blasebälgen öffnen und schliessen — trockene Gasmesser. Jede dieser beiden Gattungen umfasst verschiedenartige Constructionen, die nach dem Bau ihrer Trommel oder nach der Anordnung der Blasebälge in verschiedene Systeme gruppirt werden, und zwar werden die nassen Gasmesser in zwei (I und II) die trockenen Gasmesser aber in drei Systeme (III, IV und V) eingereiht. Doch zeigen auch die Constructionen desselben Systems zum Theil noch so wesentliche Abweichungen, dass innerhalb einzelner Systeme noch Unterabtheilungen geschaffen werden mussten. Eine erschöpfende Eintheilung konnte auch hierdurch für die nassen Gasmesser noch nicht erreicht werden, weil sie lediglich den Bau der Trommel ins Auge fasste, in vielen Fällen die Unterschiede aber nicht hierin, sondern in der Anordnung der Gas- und Wasserzufuhr u. s. w. liegen. Diese Gasmesser sind nur als Varietäten derselben Art aufzufassen, sie konnten daher nicht zur Bildung besonderer Systeme führen.

Für die Grösse der Gasmesser ist die Anzahl der durch sie zu speisenden Flammen maassgebend. Selbstverständlich könnten Gasmesser für jede beliebige Flammenzahl hergestellt werden, mit der Zeit haben sich aber gewisse Abstufungen eingebürgert, die für das Bedürfniss des täglichen Lebens ausreichen. Jeder Flammenzahl entspricht ein bestimmter stündlicher Gasconsum. Die Aichordnung giebt als Mindestwerth für den stündlichen Gasverbrauch einer Flamme 142 l an. Diese Zahl ist dem englischen Maasse entlehnt, 142 l sind 5 englische Cubikfuss. In der neueren Zeit geht man mehr und mehr dazu über, den Gasverbrauch in einer runden Zahl des metrischen Maasses auszudrücken, und so findet allmählich die Annahme von 150 l für den stündlichen Gasverbrauch einer Flamme Anwendung.

Ueblich sind Gasmesser für 3, 5, 10, 20, 30, 40, 50, 60, 80, 100, 150, 200, 250, 300, 400, 500, 600, 800 Flammen, die also einem stündlichen Gasverbrauch von 0,45, 0,75, 1,5, 3, 4,5, 6, 7,5, 9, 12, 15, 22,5, 30, 37,5, 45, 60, 75, 90, 120 cbm entsprechen. Vereinzelt werden auch Gasmesser zu 2 sowie zu 15 Flammen gebaut, auch Gasmesser von 1000 und mehr Flammen kommen in den Gasanstalten vor, um die Tagesproduction festzustellen und den Gasbedarf der Sammelstationen zu messen. Mit Rücksicht hierauf werden die grösseren Gasmesser überhaupt als »Stations-gasmesser« bezeichnet, sie pflegen sich auch in der Construction in einzelnen Punkten von den übrigen Gasmessern zu unterscheiden.

Als Material für die Gasmesser kommt in erster Linie verzinntes Eisenblech (Weissblech) in Betracht. Aus Weissblech sind die Gehäuse der kleineren nassen Gasmesser, die Trommeln bei den grösseren und auch bei den kleineren, soweit sie anstatt mit Wasser mit Glycerin oder einer Chlormagnesiumlösung gefüllt werden, während sonst die Trommeln der kleineren aus Britanniametall gefertigt werden. Aus Weissblech sind ferner die Gehäuse und die inneren Wände der trockenen Gasmesser, bei denen die Metalltheile durch zwei oder mehr mit Oel getränkte Lederbälge oder durch einen dicht gewebten Stoff verbunden werden. Die Gehäuse der grösseren nassen Gasmesser sind meistens aus Gusseisen.

Die Wellen, Wellenlager, Räder und dergl. sind gewöhnlich aus hartem Rothguss hergestellt, für die Ventile und Ventilsitze finden Zinn- oder Zinnantimonlegirungen Verwendung.

»Auf jedem Gasmesser soll untrennbar von demselben angegeben sein

1. Der Name und Wohnort des Verfertigers,
2. die laufende Fabriknummer und die Jahreszahl der Anfertigung,
3. der Inhalt des messenden Raumes nach Liter in der Form

$$I = \text{. . . . . . } l,$$

4. der grösste stündliche Gasverbrauch, und zwar
    a) nach dem Gasvolumen, welches der Gasmesser in einer Stunde durchlassen soll, in der Form

$$V = \text{. . . . . . } cbm$$

    b) nach der Anzahl der Flammen, welche der Gasmesser zu speisen bestimmt ist.
5. eine Kennzeichnung des Constructionsystems, welchem der Gasmesser angehört.« (§ 76 der Aichordnung.)

Diese Bezeichnungen sind in der Regel auf einem Blechschilde vereinigt, wie dies in Tafel III Fig. 2, Tafel IV Fig. 8a, Tafel VI Fig. 5 dargestellt ist. Es ist indessen auch zulässig, sie auf mehreren getrennten Schildern anzubringen, nur müssen diese Schilder sämmtlich untrennbar mit dem Gasmesser verbunden sein. Bei den Angaben für I und V dürfen auch die vollen Bezeichnungen Liter und Cubikmeter zur Anwendung kommen, ebenso ist auch die Form zulässig: Inhalt $= \ldots\ldots$ Liter, und Volumen $= \ldots\ldots$ Cubikmeter, sofern die Anfangsbuchstaben I und V deutlich und gesondert hervortreten. Die Angaben für I und V können sich schliesslich auch auf der Emailplatte des Zählwerkes vorfinden.

Die Zählwerke müssen die Angabe enthalten, dass sie nach metrischem Maasse registriren, ferner muss der Werth der Interwalle jeder Zählscheibe entweder deutlich erkennbar oder direkt angegeben sein. Dabei dürfen die Bezifferungen auf den Zählscheiben nur nach Cubikmeter und Liter oder ihren Zehnfachen, Hundertfachen u. s. w. fortschreiten.

Während im Allgemeinen das Zählwerk als ein integrirender Theil des Gasmessers fest mit diesem verbunden sein soll, ist es für die Gasmesser für mehr als 100 Flammen zulässig, abnehmbare Zählwerke anzubringen, d. h. das Zählwerk so anzubringen, dass es ohne Weiteres abgenommen und nach etwa erfolgter Reparatur wieder angesetzt werden kann. Die Abnehmbarkeit ist in erster Linie deswegen vorgesehen, um bei diesen Gasmessern einen Zugang zu den inneren Uebertragungsmechanismen zu ermöglichen. Weil diese nämlich im Wasser arbeiten müssen, so werden sie in Folge von Oxydationswirkungen leicht schadhaft. Deshalb haben die Gasanstalten ein wesentliches Interesse daran, dass sie die etwa schadhaft gewordenen Theile durch neue ersetzen können, ohne dass es erforderlich ist, den Gasmesser wieder zur Aichung zu bringen.

Nasse Gasmesser.

Die nassen Gasmesser sind in zwei Systemen untergebracht, ausserdem werden noch unterschieden nasse Gasmesser mit und ohne Absperrvorrichtung. Nach den Vorschriften des § 75 der Aichordnung sollen nämlich alle Gasmesser für weniger als 100 Flammen Einrichtungen haben, welche eine selbstthätige Absperrung der Gaszufuhr bewirken, sobald der Flüssigkeitsstand unter eine gewisse Grenze sinkt. Für die grösseren Gasmesser glaubte man auf die Absperrvorrichtungen verzichten zu müssen, weil sie in grossen Lokalitäten ihren Platz finden, in denen oft Tausende von Menschen versammelt sind, und wo eine selbstthätige Absperrung der Gaszuführung und das dadurch hervorgerufene Erlöschen sämmtlicher Gasflammen leicht eine Panik heraufbeschwören könnte, durch die die Versammelten an Leib und Leben gefährdet würden. Die Vorschrift des § 75, welche die Gasanstalten vor grösseren Verlusten sichert, ist indessen nicht in aller Strenge zur Durchführung gekommen; vielmehr führte die Erwägung, dass auch bei kleineren Gasmessern das Verlöschen der Gasflammen zu Unzuträglichkeiten führen könne, denen gegenüber die Sicherheit der richtigen Angaben nicht in Betracht kommen könne, die Gasanstalten selbst dahin, die Aufhebung obiger Vorschrift zu beantragen. Diesem Wunsche entsprechend, bestehen jetzt Gasmesser unter 100 Flammen mit und ohne Absperrvorrichtung nebeneinander, äusserlich durch nichts unterschieden, nur dass die letzteren auf einem Schilde den Vermerk tragen »ohne Absperrvorrichtung.«

In der Einrichtung eines nassen Gasmessers werden ausser dieser Absperrvorrichtung noch folgende Constructionstheile unterschieden:

das Gehäuse,
die Messtrommel,
die Einrichtung für die Zu- und Abführung des Gases,
die Einrichtung für die Wasserzuführung und für den Ablauf des überschüssigen
    Wassers,
das Zählwerk nebst dem Uebertragungsmechanismus.

Das Gehäuse (Tafel I Fig. 1 u. 3) hat die Gestalt eines Cylinders mit horizontaler Achse. Vor ihm befindet sich eine kastenartige Vorkammer R_2, in die das Eingangsrohr a mündet, während das Ausgangsrohr b (Fig. 2) vom Mantel des Gehäuses ausgeht. Letzteres wird bis nahezu zwei Dritteln seiner Höhe mit Wasser, einer Glycerinmischung, einer Chlormagnesiumlösung oder dergl. gefüllt. Es trägt die Lager für die Achse der Trommel, die in seinem Innern ihre Drehungen ausführt. Die Vorkammer enthält die Gas- und Wasserzuführung, sowie die Absperrvorrichtung und setzt sich nach unten hin in den Wassersammelkasten R_4 fort.

Die Trommel des Systems I, die nach ihrem Erfinder Crosley'sche Trommel genannt wird, besteht aus einem um eine horizontale Achse sich drehenden Cylinder, der durch vier gegen die Achse geneigt liegende ebene Schaufeln in vier gleich grosse Kammern getheilt wird. Die Fig. 1 stellt die Trommel nach Abnahme des Cylindermantels dar und giebt ein Bild der vier Kammern. Die geneigten Schaufeln sind vorne und hinten flügelartig fortgesetzt. Diese Fortsetzungen, die sogenannten Deckschaufeln bilden die Grundflächen des Trommelcylinders, liegen jedoch nicht fest aufeinander, sondern lassen für die Ein- und Ausströmung des Gases schlitzförmige Oeffnungen zwischen sich. Schaufeln und Deckschaufeln sind an dem umschliessenden Cylindermantel festgelöthet, der an der vorderen Seite, an der das Gas einströmt, in einer Kugelkappe (Tafel I Fig. 2) seinen Abschluss findet, durch welche vor dem messenden Theil der Trommel noch ein zur Gaszuführung dienender Vorhof gebildet wird. Die Kappe ist in der Mitte durchbrochen, um die Trommelachse w_1 hindurchzulassen. Letztere liegt so tief unter der Oberfläche der Füllflüssigkeit, dass auch die einzelnen, an der Achse nicht geschlossenen Trommelkammern abgesperrt werden. Die Einströmungsschlitze der Kammern münden im Vorhofe innerhalb der Kugelkappe, während die Schlitze auf der hinteren Seite für die Ausströmung des Gases bestimmt sind. Der Einströmungs- und der Ausströmungsschlitz jeder Kammer sind so gelegt, dass sich stets nur der eine ausserhalb der Füllflüssigkeit befindet, dass also das einströmende Gas niemals direkt durch die Trommel hindurch gehen kann. Ausserdem liegen diese Schlitze so, dass beim ersten Eintauchen des Einströmungsschlitzes einer Kammer die vorangehende Kammer noch nicht ganz entleert

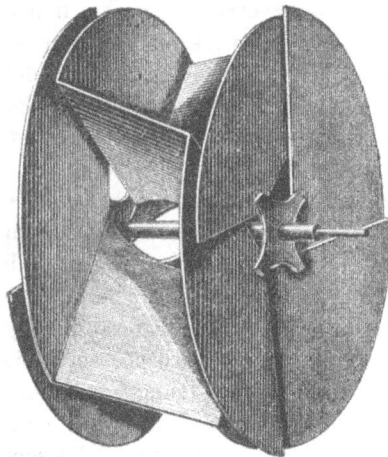

Fig. 1.

ist, sodass der Gasstrom während des ganzen Verlaufs der Trommeldrehung keine Unterbrechung erleidet.

Die Wirkungsweise der Trommel ist auf Tafel I in Fig. 5 bis 7 veranschaulicht. Die Figuren 5 zeigen die Trommel in einer Drehungsphase, in der die mit Gas gefüllte Kammer I mit dem Ausgangsrohr in Verbindung steht, während in die Kammer II, deren unterer Theil einschliesslich des Ausflussschlitzes noch unter dem Flüssigkeitsspiegel liegt, Gas einströmt. Fig. 5a giebt eine Ansicht der Trommel von Oben, unter theilweiser Abdeckung des Umschlussmantels, Fig. 5b zeigt eine perspectivische Ansicht von rechts gesehen, Fig. 5c eine solche von links gesehen. Dabei wird, wie auch auf den folgenden Tafeln, der Weg des in die Messräume einströmenden Gases durch Pfeile der nachstehenden Art, ⟶ der Weg des ausströmenden, gemessenen Gases durch ähnliche, fettgedruckte Pfeile ⟹ veranschaulicht.

Die Trommel wird dadurch in Drehung gesetzt, dass das zuströmende Gas einen höheren Druck hat als das ausströmende. Befindet sich z. B. die Trommel in der Stellung der Figuren 5 in Ruhe, indem keiner der durch den Gasmesser gespeisten Brenner geöffnet ist, so wird das Gas in dem ganzen Verlauf der Leitung, sowohl vor dem Gasmesser als hinter demselben bis zu den Brennern hin, als auch in allen Theilen des Gasmessers selbst im Wesentlichen unter gleichem Druck stehen. Wird nun einer der Brenner geöffnet, so strömt das Gas aus demselben aus, wobei sich sein Druck sofort vermindert. Diese Druckverminderung setzt sich bis in die Kammer I fort, deren Ausflussschlitz mit dem Ausgangsrohr des Gasmessers in Verbindung ist. Dagegen steht das Gas in der Kammer II noch unter dem vollen Einströmungsdruck. Der Druckunterschied in beiden Kammern wirkt auf die sie trennende Mittelschaufel und dreht diese in dem durch den Pfeil angegebenen Sinne.

Solange die Druckverminderung hinter dem Ausgangsrohr des Gasmessers andauert, sind auch im Innern der Trommel Druckdifferenzen vorhanden, und so lange dauert daher auch die Drehung fort.

Die Figuren 6 zeigen die Trommel in einer gegen die Figuren 5 um 45° fortgeschrittenen Bewegungsphase, in der nun die Kammer II ganz mit Gas gefüllt ist, was auf der Zeichnung durch dicht aneinander gelagerte Punkte angedeutet wird. Der Einflussschlitz der Kammer II ist soeben in die Flüssigkeit eingetaucht (Fig. 6c), wodurch jede weitere Gaseinströmung in diese Kammer abgeschnitten ist. Das in II enthaltene Gas kann aber noch nicht ausströmen, weil der Ausflussschlitz dieser Kammer noch ganz unter dem Flüssigkeitsspiegel liegt. Das in den Gasmesser gelangende Gas strömt bereits in die Kammer III ein, in der nun ein Ueberdruck gegen die noch nicht vollständig entleerte Kammer I stattfindet, wodurch die Drehung der Trommel fortgesetzt wird, bis bei einer weiteren, nicht dargestellten Drehungsphase der Ausflussschlitz von II aus der Flüssigkeit heraustritt, wonach sich für diese Kammer derselbe Zustand ergiebt, welcher in den Figuren 5 für die Kammer I angenommen worden ist.

Um die in den Figuren 5 und 6 veranschaulichte Wirkungsweise der Trommel noch deutlicher zu versinnbildlichen, ist in den Figuren 7 eine Abwickelung zweier cylindrischen Schnitte aus den Figuren 5c und 6c dargestellt. Fig. 7a zeigt, wie in der Drehungsphase der Figuren 5 das gemessene Gas aus der Kammer I ausströmt, während das neu ankommende in die Kammer II einströmt, und ferner, wie sowohl der Ausfluss von II, als der Einfluss von III noch unter dem Flüssigkeitsspiegel liegen. In Figur 7b sieht man Gas aus der Kammer I noch ausströmen, während Einfluss und Ausfluss der Kammer II abgesperrt sind, und das einströmende Gas in die Kammer III eintritt.

Um die Trommel vor Beschädigungen durch Einführung von Messerklingen und dergl. durch das Ausgangsrohr b (Fig. 2) zu schützen, werden in dieses Rohr oder unterhalb desselben vielfach Schutzbleche eingelegt.

Zur Gaszuführung dient das Rohr a (Tafel I Fig. 1). Durch dieses tritt das Gas ein und gelangt dann an der noch zu beschreibenden Absperrvorrichtung, falls eine solche vorhanden ist, vorbei in die etwa bis zur Hälfte gefüllte Vorkammer R_2. Diese communizirt durch das doppelschenklige Knierohr y mit dem Innern der Trommel. Der geradlinige Theil des Rohres y ist cylindrisch, während der umgebogene Rohrschenkel halbkreisförmigen Querschnitt hat, um neben der Trommelachse vorbei in den in der Wand des Trommelgehäuses befindlichen Ausschnitt l_2 sowie in die Kugelkappe eintreten zu können. Das hinten aus der Trommel entweichende Gas gelangt unmittelbar in das Gehäuse und wird durch das Ausgangsrohr b dem Gebrauche zugeführt.

Für die Wasserzuführung ist durch Scheidewände von der Vorkammer R_2 ein Raum R_3 vollständig abgetrennt (Tafel I Fig. 1). Dieser wird durch die mit einer Schraube verschliessbare Füllöffnung C mit Wasser gefüllt. Auf die Füllöffnung wird häufig noch ein Rohrstück von solcher Höhe aufgesetzt, dass das Austreten von Wasser durch diese Oeffnung, auch wenn sie nicht verschlossen ist, selbst bei dem grössten im Betriebe vorkommenden Druck unmöglich ist. R_3 steht durch einen oben geschlossenen, unten offenen Verschlag, der bis nahezu auf den Boden des Raumes reicht und sich hinten an die hier durch das Loch l_3 durchbrochene Wand des Trommelgehäuses anlehnt, mit dem Inneren des letzteren in Verbindung. Das in R_3 eintretende Wasser füllt auch den Verschlag an und tritt, sobald es die entsprechende Höhe erreicht hat, durch l_3 in das Gehäuse ein. Aus letzterem tritt dann das Wasser durch die Löcher l_1 und l_2 in die Vorkammer R_2. Das überschüssige Wasser fliesst aus der letzteren durch den unten offenen, geradlinigen Schenkel des Rohres y in den Sammelkasten R_4 und kann, wenn es über die durch die Schraube Z verschliessbare Oeffnung hinaufreicht, durch diese entleert werden. Diese Oeffnung ist durch einen Syphon von dem Sammelkasten getrennt, um zu verhüten, dass auf diesem Wege Gas entweichen kann.

Die obere Kante des Rohres y gibt somit die Begrenzung für die Höhe des Wasserstandes im Gasmesser. Dadurch, dass diese Kante höher oder tiefer gelegt wird, hat man es in der Hand, den messenden Raum kleiner oder grösser zu machen, also den Gasmesser zu justiren. Die Fabrikanten suchen sich diese Justirung vielfach dadurch zu erleichtern, dass sie das Rohr von vornherein etwas höher lassen, und dasselbe dann soweit abschrägen oder ausfeilen, bis der Inhalt des Gasmessers seine richtige Grösse hat. Hierdurch wird zwar eine schärfere Begrenzung des Flüssigkeitsspiegels herbeigeführt, die daraus folgende Verengung des Ablaufquerschnittes bringt es indessen mit sich, dass der Ablauf zu langsam erfolgt und z. B. noch andauert, wenn bereits die Schraube Z wieder geschlossen ist, wodurch Störungen im Gange des Gasmessers entstehen können, wenn das noch nachtropfende Wasser im Knierohr emporsteigt. Ausserdem können Unreinlichkeiten, die sich vor die engen Ablaufstellen vorsetzen, einen fehlerhaften Flüssigkeitsstand bedingen. Aus diesen Gründen soll der obere Rand des Ueberlaufrohres waagerecht abgeschnitten sein.

Nicht immer wird das Knierohr y auch für den Ablauf des überschüssigen Wassers benutzt. Vielfach reicht die Oberkante des geradlinigen Schenkels von y etwas über den normalen Flüssigkeitsstand hinaus und y dient nur zur Gaszuführung in die Trommel, während zur Herstellung des normalen Flüssigkeitsstandes und zum Fortschaffen des überschüssigen Wassers ein besonderes, beiderseitig offenes und knieförmig gebogenes Bleirohr in die Vorkammer R_2 eingelegt ist, dessen unteres Ende ebenso wie das des Rohres y nach dem Sammelkasten R_4 führt. Diese Einrichtung erleichtert die Justirung des Gasmessers. An dem Bleirohr ist nämlich dann ein Stift angelöthet, der durch die obere Decke von R_2 hindurch nach aussen tritt und die Oberkante des Bleirohres zu heben oder zu senken gestattet Sonach kann schon vor der Justirung des Gasmessers die Vorkammer endgiltig geschlossen werden. Um spätere Aenderungen des Bleirohres zu verhüten, wird das heraustretende Ende des Justirungsstiftes mit der oberen Wand der Vorkammer durch einen Zinntropfen verbunden, und diese Verbindung durch einen Stempel gesichert.

Neuerdings wird von einigen Fabrikanten das Ueberlaufrohr heberartig gestaltet. Beim Füllen solcher Gasmesser beginnt der Ablauf, sobald die Flüssigkeit den Scheitel des Hebers überstiegen hat. Dann sinkt der Flüssigkeitsspiegel in raschem Abfluss, bis wieder Luft in den Heber eintreten kann und es reisst, sobald letzteres geschieht, der Wirkungsweise des Hebers entsprechend, der Abfluss plötzlich ab, wodurch ein längeres Nachtropfen vermieden wird.

An dem Ueberlaufrohr wird dieser Heber, um seinen Scheitel möglichst niedrig zu halten, nur durch eine Kappe über der oberen Oeffnung des Rohres gebildet. Aus dem Sammelkasten kann dagegen auch ein gewöhnliches Heberrohr (umgekehrtes U-Rohr), dessen kurzer Schenkel dann zugleich den hydraulichen Verschluss vermittelt, zur Ablassschraube geleitet sein. Um hier aber der Luft während der Füllung den Zutritt in das Innere des Sammelkastens zu wahren, wird ein besonderer, durch die Ablassschraube führender und durch sie mitver. schlossener Luftweg hinzugefügt, welcher bis über den höchsten Wasserstand reicht; zweckmässig dient hierzu ein zweites, über den Abflussschenkel des Hebers geschobenes, hinten geschlossenes Rohr mit nach oben gerichtetem Ansatz.

Die Absperrvorrichtung dient dazu, beim Sinken des Flüssigkeitsstandes den Gaszufluss selbstthätig abzusperren. Während nämlich durch die Verbindung des Rohres y mit dem Sammelkasten R_4 ein zu hoher Wasser- stand ausgeschlossen ist, sinkt der Wasserspiegel im Betriebe fortwährend durch Verdunsten, wodurch eine Vergrösserung des messenden Raumes herbeigeführt wird. Die Absperr- vorrichtung soll die hierdurch bedingten Minderangaben der Gasmesser in gewissen Grenzen halten. Sie besteht (Tafel I Fig. 1) aus einem Schwimmer, mit dem durch eine senkrechte Stange ein Ventil V verbunden ist. Mit dem Wasserspiegel sinkt der Schwimmer, bis sich das Ventil auf die Pfanne aufsetzt. Das Ventil befindet sich in einem besonderen Raum R_1, dem das Gas durch das Eingangsrohr direct zu- geführt wird. Fig. 2 zeigt die Anordnung der Pfanne p, deren Mittelsteg zugleich die Führung für die Schwimmerstange abgibt. Ueber dem Ventil liegt ein Schutzblech, um zu ver- hüten, dass plötzliche Verstärkungen des Druckes am Ein- gangsrohr das Ventil vorübergehend beeinflussen. Trotzdem kann das Gas bei schwankendem Drucke unmittelbar auf den Schwimmer stossen und diesen in tanzende Bewegung setzen, wodurch ein Zucken der Gasflammen herbeigeführt wird. Um dies zu vermeiden, bringt Heise in Berlin, wenig-

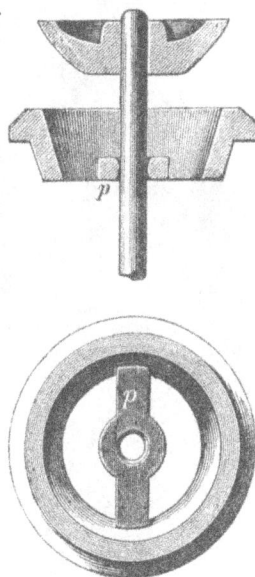

Fig. 2.

stens bei grösseren Gasmessern, unterhalb des Ventils, doch oberhalb des Schwim- mers eine Blechscheibe von der ungefähren Grösse des Schwimmer-Querschnittes an, die nach der Mitte der Vorkammer zu unter einem Winkel von 45° geneigt ist. Die Schwimmerstange geht durch eine Aussparung in dieser Scheibe frei hindurch. Durch diese Vorrichtung soll der Stoss des einströmenden Gases zum grossen Theil von dem Schwimmer abgelenkt werden, so dass das durch das Tanzen des Schwimmers bedingte Schwanken des Flüssigkeitsspiegels vermieden wird.

Die Absperrung geschieht in der Regel nicht plötzlich; meistens wird das Ventil vor dem gänzlichen Abschluss des Gases in eine tanzende Bewegung versetzt, und dadurch der Gaszufluss zu einem intermittirenden gemacht, was am Zucken der Flammen bemerkbar wird.

Bei manchen Gasmessern ist die Absperrvorrichtung so eingerichtet, dass der Schwimmer und das damit verbundene Ventil keine geradlinige, sondern eine kreis- bogenförmige Bewegung ausführen. Das Ventil sitzt dann an einem Hebelarm, der sich um eine Achse dreht, und der Schwimmer ist an dieser Achse aufgehängt (siehe Fig. 3 und 4 S. 10).

2*

Diese Absperrvorrichtung findet sich namentlich bei der in H a m b u r g ü b l i c h e n
G a s m e s s e r c o n s t r u c t i o n, die ausserdem auch noch eine völlig andere Anordnung der Einrichtungen für die Gas- und Wasserzuführung, sowie für den Ablauf
des überschüssigen Wassers aufweist. Hier füllt sich die Vorkammer nicht mit
einströmendem, sondern mit bereits gemessenem Gas, der Ablauf des überschüssigen
Wassers findet daher nicht in der Vorkammer statt, sondern ist hinter die Trommel
verlegt. Das Ausgangsrohr endlich liegt unmittelbar über der Vorkammer, sodass

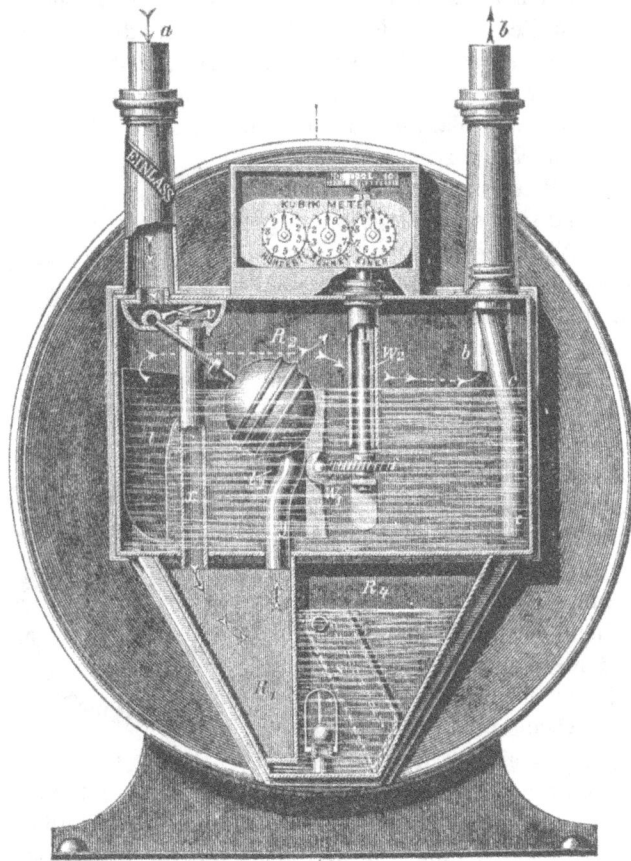

Fig. 3.

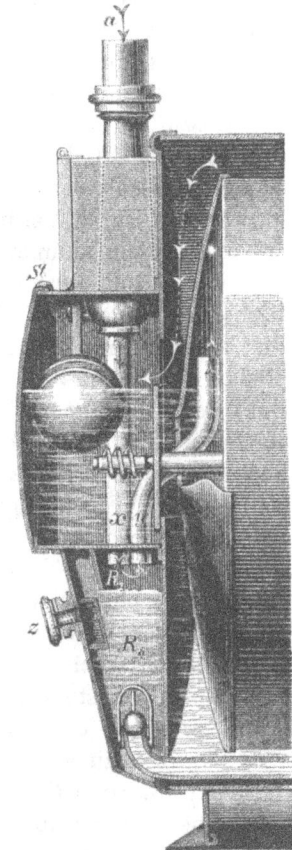

Fig. 4.

Ausgang und Eingang symmetrisch zum Zählwerk angeordnet sind. Diese Einrichtungen bezwecken, Verfälschungen der Angaben auszuschliessen, wie sie durch
Schiefstellen der Gasmesser anderer Constructionen vorkommen können.

Die Figuren 3, 4, 5 geben ein Bild dieses Hamburger Modells. Das Gas
gelangt durch das Eingangsrohr a in einen kleinen Vorraum, der in das Rohr x
ausläuft, und in dem das drehbare Klappenventil so angebracht ist, dass es beim
Niedersinken das Rohr x absperrt. Die Achse des Ventils ist in einer Stopfbüchse
aus dem Vorraum hinausgeführt und trägt den Schwimmer. Das Rohr x führt
durch die Vorkammer R_2 hindurch in einen unterhalb derselben liegenden gegen
sie vollständig abgesperrten Raum R_1, der zur Aufnahme des aus der Leitung her-
rührenden und im Eingangsrohr sich etwa ansammelnden Condensationswassers

bestimmt ist. In R_1 mündet ausserdem noch das einschenklige Knierohr y, durch das das Gas in das Innere der Trommel tritt, deren Einrichtung nicht von der vorher beschriebenen abweicht. Das aus der Trommel ausströmende Gas erfüllt das Gehäuse und gelangt durch den Ausschnitt l in die Vorkammer R_2 und von hier in das Ausgangsrohr b, dessen Mündung nur wenig oberhalb des normalen Wasserstandes liegt.

Das Füllungswasser wird unmittelbar in die Vorkammer R_2 durch das bis nahezu auf ihren Boden reichende Füllrohr c eingeführt. Durch den Ausschnitt l und das Loch l_2 tritt das Wasser dann in das Gehäuse, in welches hinter der Trommel ein Loch d zur Herstellung des normalen Wasserstandes und für den Ablauf des überschüssigen Wassers eingeschnitten ist, das mit einem an der Aussenseite des Gehäuses vertikal abwärts laufenden Rohr d_1 communizirt. Letzteres findet in einem am Boden des Gehäuses liegenden horizontalen Rohre e seine Fortsetzung, und dieses mündet in den Sammelkasten R_4, welcher den schräg liegenden Syphon s mit der verschraubbaren Ablassöffnung Z enthält. Die Mündung des Rohres e im Kasten R_4 ist durch eine lose aufliegende, durch einen Drahtkorb vor dem Herabfallen geschützte Kugel verschlossen, um den Austritt von Gas zu verhindern, für den Fall, dass die Rohre d_1 und e nicht mit Wasser gefüllt sind. Die Justirung des Gasmessers geschieht durch Veränderung der Unterkante des Loches d; zu diesem Zwecke enthält auch die Aussenwand von d_1 in gleicher Höhe ein Loch, welches nach erfolgter Justirung durch eine aufgelöthete Platte verschlossen wird.

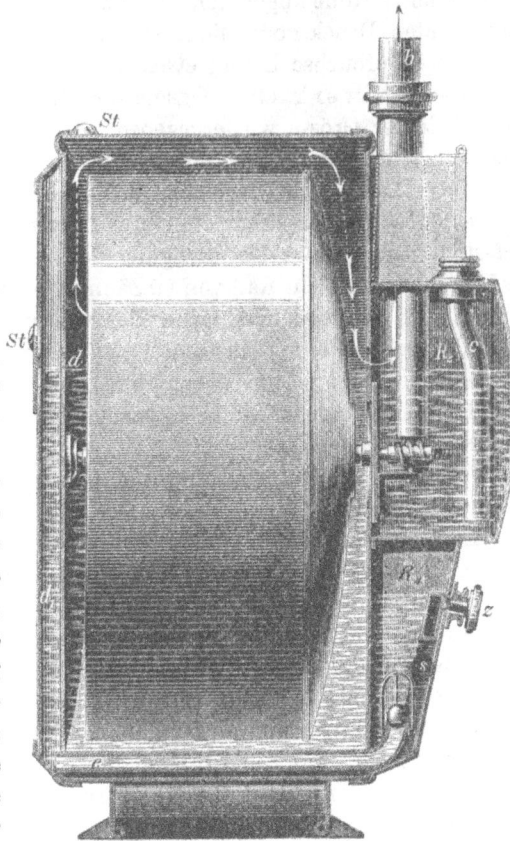

Fig. 5.

Inwiefern diese Einrichtungen einen Schutz gegen das Schiefstellen des Gasmessers bietet, ist leicht ersichtlich. Neigt man den Gasmesser so, dass er links höher steht als rechts (Fig. 3 S. 10), so taucht das Ausgangsrohr b in das Wasser ein und verhindert jede Entweichung von Gas. Dasselbe geschieht, wenn man den Gasmesser so neigt, dass er rechts höher steht als links, indem dann der Ausschnitt l durch das Wasser abgesperrt wird. Neigt man den Gasmesser nach vorn über (Fig. 5), so steigt das Wasser in R_2 an, sowohl b als l werden abgesperrt, so dass wiederum kein Gas entweichen kann. Wird endlich der Gasmesser nach hinten übergeneigt, so sinkt das Wasser in der Vorkammer, steigt dagegen in dem hinteren Theile an und läuft durch das Loch d in den Sammelkasten R_4. Dies bewirkt ein weiteres Sinken des Wassers in der Vorkammer, bis das Sinken des Schwimmers die Gaszufuhr absperrt.

Zur Uebertragung der Trommelbewegung auf das Zählwerk ist auf die Trommelachse w, die Schnecke s (Tafel I Fig. 1 und Fig. 2) aufgesteckt, die in das horizontale Zahnrad r eingreift, und hierdurch die vertikale Welle w_2, die Hauptwelle des Zählwerks, bewegt. Diese Welle ist von einer, an ihrem unteren Ende in das Wasser eintauchenden Blechhülse umgeben, um das Gas vom Zählwerk abzuhalten. Um auch Feuchtigkeit fernzuhalten, geht die Welle w_2, ehe sie in den eigentlichen Zählwerkskasten tritt, noch durch eine Stopfbuchse hindurch. Diese ist in solcher Höhe angebracht, dass das Wasser sie auch bei dem grössten, im Betrieb auftretenden Druck noch nicht erreicht. Bei Gasmessern für drei Flammen liegt deshalb die Stopfbuchse häufig etwas höher als in Fig. 1 dargestellt ist.

Das Zählwerk eines Gasmessers für drei Flammen ist in den Fig. 4 Tafel I in natürlicher Grösse wiedergegeben. Die Hauptwelle w_2 trägt eine Schraube ohne Ende, welche in ein vertikales Zahnrad r_1 eingreift. Auf der Achse des letzteren sitzt der Trieb t_1, mit welchem das Rad r_2 in Eingriff steht, und auf der Achse dieses Rades ist der Zeiger der die einzelnen Cubikmeter angebenden Zählscheibe befestigt. Die weitere Uebertragung der Bewegung erfolgt durch je einen Trieb von sechs Zähnen und ein Rad von 60 Zähnen, so dass jedes dieser Räder eine einmalige Umdrehung vollendet hat, wenn das vorhergehende Rad zehnmal herum gegangen ist. Die Schnecke s (Fig. 1 und 2) ist doppelgängig, so dass bei einer Umdrehung derselben das Rad r um zwei Zähne vorwärts rückt. Einer vollen Umdrehung der auf der Welle w_2 befindlichen Schraube ohne Ende entspricht die Fortbewegung des Rades r_1 um einen Zahn. Die Welle w_2 trägt unmittelbar die Literzählscheibe; der Zeiger für die letztere sitzt an einem Bock, der zugleich das obere Lager für die Welle w_2 enthält.

Bei dem auf Tafel I dargestellten Gasmesser findet sich unterhalb der Litertrommel ein Sperrrad h, gegen das durch eine breite Feder ein Sperrhaken angedrückt wird, um eine Rückwärtsbewegung der Welle w_2 und damit des Gasmessers zu verhüten. Statt dieser Sperrung kommen auch andere Vorrichtungen zur Verwendung, um die Rückwärtsbewegung der Trommel zu verhindern. So trägt z. B. die Trommelachse zuweilen vorn oder hinten ein eigenes Sperrrad, in welches bei Rückwärtsdrehung eine am Gehäuse befestigte Sperrklinke eingreift. Andere Sperrvorrichtungen wirken am Umfang des Trommelcylinders u. s. w.

Die nassen Gasmesser können nur solange richtige Angaben liefern, als der Wasserstand in ihnen normal ist. Dieser Wasserstand wird durch Auffüllen bis zum Ueberlaufen hergestellt. Das Wasser verdunstet jedoch allmählich und die Folge davon ist ein Sinken des Wasserspiegels. Dadurch wird aber der messende Raum vergrössert und die Gasmesser zeigen nun zu wenig an, registriren also zum Nachtheil der Gasanstalten. Durch die Absperrvorrichtung ist dem Sinken bis zu einem gewissen Grade allerdings eine Grenze gesetzt, indessen musste, um die Herstellung nicht zu sehr zu erschweren, ein gewisser Spielraum freigegeben werden und so können doch bei einem kleineren Gasmesser, der allen Vorschriften der Aichordnung entspricht, die Minderangaben bis zu 10 % ansteigen, ehe ein Absperren der Gaszuführung eintritt. Man ist deshalb mehrfach darauf bedacht gewesen, Vorkehrungen zu treffen, welche die Verdunstung und damit das Sinken des Wasserspiegels verhindern, oder aber doch möglichst unschädlich machen.

Der Grad der Verdunstung hängt von zwei Factoren ab, erstens von der Temperatur, bei der der Gasmesser arbeitet, und zweitens von der Trockenheit des Gases. In den grossen Gasometern der Gasanstalten ist die unterste Gasschicht, die zunächst dem Rohrnetz zugetrieben wird, mit dem Absperrwasser in Berührung. Es kann daher wohl angenommen werden, dass das Gas beim Verlassen des Gasometers mit Wasser gesättigt ist. Der Sättigungsgrad des Gases ist aber von der Temperatur abhängig, je höher diese ist, umso mehr Wasser nimmt das Gas auf. Es durchstreicht nun das Rohrnetz, das in der Regel eine andere Temperatur als der Gasometer hat, und nimmt dabei diese Temperatur an. In Folge dessen ändert sich auch der Sättigungszustand des Gases. Ist die Temperatur im Rohrnetz niedriger, so kann das Gas das aufgenommene Wasser nicht bei sich behalten, ein Theil desselben schlägt vielmehr in dem Netz nieder, sammelt sich hier an und läuft in die Wassertöpfe, aus denen es von Zeit zu Zeit entfernt werden muss. Ist die Temperatur im Rohrnetz dagegen höher, so ist das Gas in ihm nicht vollständig gesättigt, es kann dann das in den Röhren etwa vorhandene Wasser noch aufnehmen.

Aus dem Rohrnetz gelangt das Gas in den Gasmesser, der im Allgemeinen wieder eine andere Temperatur haben wird, die das Gas annimmt. Es wiederholt sich nun derselbe Process — in dem kälteren Gasmesser wird sich Wasser niederschlagen, in dem wärmeren Gasmesser wird Wasser verdunsten und zwar umso mehr, je wärmer der Gasmesser steht und je trockener das Gas zu ihm gelangt.

In der Regel wird die Temperatur in dem Rohrnetz kälter sein als im Gasometer und bei weitem kälter als im Gasmesser. Daher wird das Gas, wenn es zum Gasmesser kommt, nicht im Zustande der Sättigung sein und folglich Feuchtigkeit in sich aufnehmen. Es liegt deshalb der Gedanke nahe, vor Eintritt in den Gasmesser das Gas künstlich zu sättigen. Diesen Gedanken hat die nach Reid und Rouget benannte Construction zur Ausführung gebracht. Hier liegt unterhalb der Vorkammer ein bis zu etwa drei Vierteln seiner Höhe mit Wasser angefülltes Gefäss. In dieses gelangt das Gas, bevor es in den eigentlichen Gasmesser eintritt, und wird durch parallele Wände, welche das Gefäss in vier Abtheilungen scheiden, gezwungen, in einem langen Wege über das Wasser hinzustreichen. Da dies Gefäss dieselbe Temperatur hat, wie der messende Raum im Gasmesser, so tritt das Gas nunmehr nahezu gesättigt in den eigentlichen Gasmesser ein und es bleibt die Verdunstung in letzterem in sehr engen Grenzen.

Die zweite Möglichkeit, den durch die Verdunstung bedingten Fehler zu beseitigen, besteht darin, dass das verdunstende Wasser selbstthätig ersetzt wird. Dies geschieht entweder in der Weise, dass durch die Trommelachse eine kleine Schöpfvorrichtung bewegt wird, welche das Ersatzwasser aus einem gewöhnlich vor der Vorkammer liegenden Reservebehälter in die letztere überschöpft. Auch kommen geschlossene Reservebehälter zur Anwendung, die über dem Gasmesser liegen und in ein unten offenes Rohrauslaufen, das bis zum normalen Wasserspiegel hinabreicht. Solange die untere Oeffnung dieses Rohres den Wasserspiegel berührt, wird das Wasser in dem Behälter durch den Druck des Gases getragen. Sinkt aber der Wasserspiegel, so wird die Mündung des Ablaufrohres frei und nun steigen Gasbläschen in den Reservebehälter ein, während Wasser heraustropft und den Wasserspiegel wieder so weit erhöht, dass er das Ablaufrohr auf's Neue absperrt.

Eine andere Anordnung der Wasserzuführung hat Peischer gewählt, indem er den Druck des Gases zum Heraustreiben des Wassers aus einem Reservebehälter in den Gasmesser benutzt. Die Construction ist in den Fig. 6 und 7 dargestellt. Das Reservoir *R* ist über dem Gasmesser gelagert und steht mit der Vorkammer durch zwei Rohre, *G* und *W*, in Verbindung. Das Rohr *G*, das Gasrohr, reicht nach unten bis zur Höhe des normalen Wasserstandes, so dass es nach regelrechtem Auffüllen von der Füllflüssigkeit abgesperrt wird. Sinkt nun der Flüssigkeitsspiegel, so wird die untere Oeffnung dieses Rohres frei, und der Druck des Gases pflanzt sich aus der Vorkammer in den Wasserbehälter *R* fort. Hierdurch wird aus dem letzteren durch das Wasserrohr *W*, welches nahe seinem oberen Ende einen heberförmigen

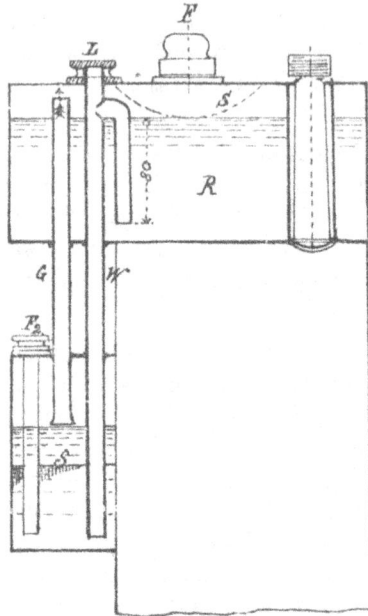

Fig. 6.

Ansatz trägt, Wasser aus dem Behälter in die Vorkammer über-
geführt, so lange bis in letzterer
der Wasserspiegel wieder seine nor-
male Höhe erreicht hat und das
Gasrohr absperrt. Das Rohr *W* ist
bis nahe an den Boden der Vor-

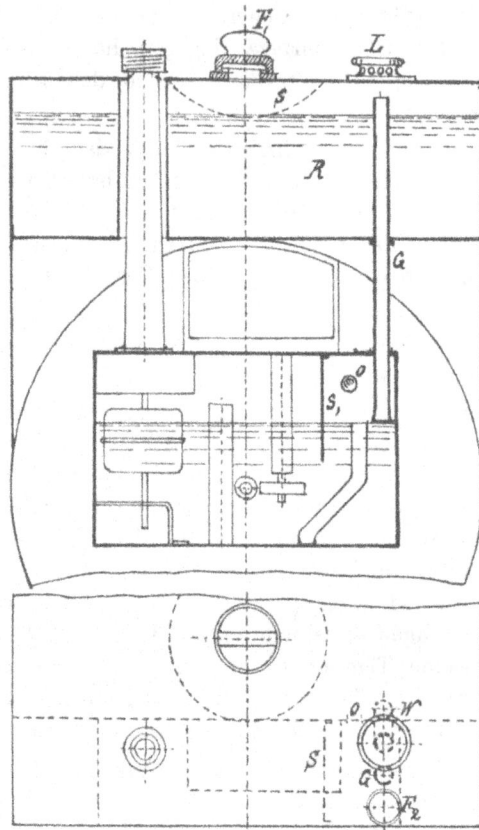

Fig. 7.

kammer fortgeführt und steht oben durch die mit seitlichen Löchern versehene Kapsel *L* mit der äusseren Luft in Verbindung, wodurch vermieden wird, dass es selbstthätig als Heber weiterwirkt, wenn einmal durch den Gasdruck die Wasser-zuführung aus dem Behälter begonnen hat. Eine senkrechte Scheidewand *S*, die bis in die Absperrflüssigkeit hineinreicht, theilt die Vorkammer in zwei Theile: der erste Theil enthält den Schwimmer, das Knierohr und die Welle des Zählwerks. In dem zweiten Theil befindet sich das Ueberlaufrohr, hier münden die beiden Rohre aus der Vorkammer. Dieser zweite Theil steht mit dem Trommelraum durch die Oeffnung *O* in Verbindung. Durch diese Einrichtung wird verhindert, dass die Druckschwankungen des Gases, wie sie bei geändertem Gasdurchlass, bei plötzlichem Oeffnen oder Schliessen des Haupthahnes u. s. w. auftreten, in dem Theile der Vorkammer, in dem sich die zur Wasserstandsregulirung dienenden Rohre befinden, die Ruhe des Flüssigkeitsspiegels stören. Die Einrichtung ist daher von den Schwankungen des Wasserstandes unabhängiger.

Der Reservebehälter ist durch eine mit Leder abgedichtete Schraube F_1 geschlossen. Unter derselben befindet sich ein Sieb S, um die Entnahme von Wasser aus dem Reservoir zu verhindern. Neuerdings hat der Verfertiger die Füllöffnung noch mit einem Tauchrohr versehen, um die Gefahr zu beseitigen, dass Gas aus der Füllöffnung entweicht.

Schliesslich hat man auch dem Sinken des Wasserstandes dadurch vorzubeugen gesucht, dass man einen festen Körper in das Wasser eintauchen lässt, der, je tiefer dasselbe sinkt, um so mehr davon verdrängt und so den Wasserspiegel auf derselben Höhe hält. Fig. 8 stellt diese Anordnung dar. Im Innern des entsprechend verlängerten Gehäuses ist unmittelbar hinter der Trommel ein breiter Bügel angebracht, in dem ein hohler Körper T von halbcylindrischer Form um eine Achse

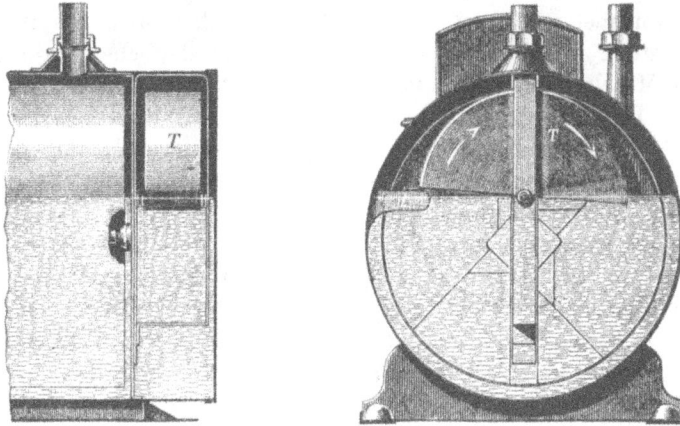

Fig 8.

drehbar aufgehängt ist. Bei normalem Wasserstand hat dieser Körper die in der Figur wiedergegebene Stellung, in der er sich gegen den Daumen d anlegt. Beim Sinken des Wasserspiegels neigt sich T nach rechts und verdrängt dabei, wenn sein Gewicht und seine Form richtig gewählt sind, gerade soviel Wasser, dass der Spiegel wieder bis zur normalen Höhe ansteigt.

Alle diese Vorrichtungen, den Einfluss der Verdunstung des Wassers auf die Angaben der Gasmesser aufzuheben, sind indessen wenig in Gebrauch gekommen. In den meisten Fällen suchte man sich dadurch zu helfen, dass man statt des Wassers eine Füllflüssigkeit wählte, die weniger verdunstet als Wasser, wie z. B. Glycerin oder Chlormagnesiumlösung, wobei man gleichzeitig den Vortheil erreichte, dass die Gefahr des Einfrierens beseitigt wurde; oder aber man suchte durch Umgestaltung der Trommel derselben eine solche Form zu geben, dass der Inhalt des messenden Raumes von dem Wasserspiegel unabhängig wurde. Letzteres kann auf zwei Arten erreicht werden, entweder indem man die Crosley'sche Trommel selbst umgestaltet, oder indem man ihr Einrichtungen für eine sogenannte »Rückmessung« des Gases beifügt. Gasmesser der ersteren Art werden noch dem System I zugezählt, doch werden sie durch die Beifügung eines Buchstabens gekennzeichnet. Die rückmessenden Gasmesser dagegen sind in ein besonderes System II gebracht worden und werden untereinander auch wieder durch hinzugefügte Buchstaben unterschieden.

Eine der älteren Umformungen der Crosley'schen Trommel geht dahin, den Deckschaufeln der Messkammer eine Neigung gegen die Trommelachse zu geben, so dass die Querschnitte durch letztere, die bei der Crosley'schen Trommel rechteckig sind, sich zu Dreiecken verjüngen. Hierdurch wird die Tiefe der Kammern in der Nähe des Wasserspiegels bis etwa auf ihren vierten Theil verringert, und in demselben Maasse wird auch der Einfluss des Sinkens des Wasserstandes auf die Grösse des messenden Raumes eingeschränkt.

Weiter liegen Versuche vor, den Wasserspiegel aus der Begrenzung des messenden Raumes in der Art auszuschliessen, dass in die Crosley'sche Trommel ihrer vollen Länge nach ein kleiner horizontaler Cylinder eingefügt wird, welcher die Messkammern an der Achse begrenzt. Diese Construction hat indessen, ebenso wie die vorige, keine weitere Verbreitung gefunden.

Dagegen ist die von Heise gewählte Umformung der Trommel, die als System Ia bezeichnet wird, vielfach in Aufnahme gekommen. Sie ist auf Tafel II Fig. 1—6 dargestellt. Ihre Abweichung von der Crosley'schen Trommel besteht darin, dass die Mittelschaufeln parallel mit sich selbst zum Trommelmantel hin verschoben sind. Die Verschiebung ist so weit geführt, dass bei der in Figur 1 angenommenen Trommelstellung der höchste Wasserstand sich nur wenig über die hintere Kante der Mittelschaufel von Kammer II erhebt. Bei dieser Anordnung reichen die vier Trommelkammern nicht bis zur Achse, sondern werden von dieser durch eine in den Figuren 1 und 3 deutlich erkennbare, nach hinten sich verjüngende Höhlung von im Wesentlichen quadratischem Querschnitt getrennt; dabei können die Einflussschlitze nicht, wie bei den Trommeln des Systems I, zwischen den vorderen Deckschaufeln liegen, sondern sie sind an den Mittelschaufeln anzubringen, wozu letztere aufgebogene Fortsetzungen erhalten, während die vorderen Deckschaufeln dicht an einander gelöthet werden. Fig. 6 zeigt die durch diese Aenderungen bedingte Gestalt einer ganzen Schaufel, die hier gewählte Lage entspricht der der Schaufel von Kammer III in den Figuren 1 und 3. Neuerdings lässt Heise bei den Gasmessern des Systems Ia die Kugelkappe fortfallen und deckt die nach hinten sich verjüngende, quadratische Höhlung durch eine ebenfalls quadratische nur flach gewölbte Kappe zu. Das Stützkreuz (Tafel II Fig. 3) ist in die Mitte der Höhlung zurückgesetzt, um vorn trotz der Flachheit der Kappe für den durch diese hindurchreichenden Schenkel des Knierohres y Platz zu lassen. Diese neue Einrichtung macht es möglich, die Gehäuse des Systems I ohne Aenderung für Trommeln des Systems Ia zu verwenden, während bei der früheren Anordnung die Gehäuse für das System Ia nicht unbeträchtlich tiefer sein mussten, als für System I. In den Fig. 1, 3 und 5 (Tafel II) lässt sich genau verfolgen, dass bei dieser Trommel das Sinken des Wasserstandes auf die Grösse des messenden Raumes nur einen sehr geringen Einfluss haben kann.

Von rückmessenden Gasmessern sind zwei Arten im Gebrauch. Die bekanntere ist die nach Warner und Cowan benannte Construction (Gasmesser des Systems IIa). Ihre Trommel ist auf Tafel II in den Fig. 14—18 dargestellt. In den hinteren Theil einer gewöhnlichen Crosley'schen Trommel ist eine kleinere, ebensolche Trommel eingesetzt, welche dieselbe Achse wie die Haupttrommel hat, deren Kammern jedoch denen der ersteren entgegengesetzt liegen. Die Einflussschlitze der kleinen Kammern liegen somit an der hinteren Seite der Haupttrommel, an der sich die Ausflussschlitze der letzteren befinden, während die Ausflüsse der kleinen Kammern im Innern der Hauptkammern münden. Diese Anordnung bewirkt, dass beim Gebrauche des Gasmessers ein Theil des von der Haupttrommel gemessenen Gases in die kleine Trommel eintritt, um hier gleichsam »rückgemessen« und der Haupttrommel auf's Neue zugeführt zu werden. Bezeichnet man den messenden Raum einer Hauptkammer mit a Liter, den einer kleinen Kammer mit b Liter, so wird die Menge des bei einer vollen Trommelumdrehung aus dem Gasmesser austretenden Gases 4 $(a-b)$ Liter betragen. Sinkt nun der Wasserstand, so erfährt sowohl a als b eine Vergrösserung. Giebt man nun der kleinen Trommel solche Dimensionen, dass die Vergrösserung, welche ihr Messraum b erfährt, der Vergrösserung des Messraumes a der Haupttrommel nahezu gleichkommt, so bleibt die aus dem Gasmesser austretende Gasmenge 4 $(a-b)$, von der Veränderung des Flüssigkeitsspiegels unbeeinflusst. Das Grössenverhältniss, das sich nach dieser Ueberlegung für die beiden Trommeln ergibt, ist aus Fig. 15 zu ersehen: die Tiefe der kleineren Trommel entspricht etwa zwei Drittheilen der Tiefe der Haupttrommel.

Die Wirkungsweise dieser Trommel zeigen die Fig. 17 und 18 Tafel II, für welche dieselbe Anordnung gewählt worden ist, wie für die Darstellungen von Tafel I Fig. 5 und 6. Wiederum gibt Fig. 17a eine Ansicht der Trommel von oben, unter Abdeckung des Umschlusskastens, Fig. 17b eine perspectivische Vorderansicht, von rechts aus gesehen, Fig. 17c eine ebensolche von links aus gesehen, während in den Figuren 18 die drei entsprechenden Ansichten der Trommel in der um 45° fortgeschrittenen Bewegungsphase erscheinen. Dabei ist der Weg des in die kleinere Trommel zur Rückmessung eintretenden Gases durch kleine Pfeile nachstehender Art $\circ \rightarrow$, der Weg des aus derselben austretenden, rückgemessenen Gases durch entsprechend fett gedruckte Pfeile $\bullet \rightarrow$ angedeutet. In den Figuren 17 ist Kammer I mit Gas gefüllt und führt dieses durch ihren Ausflussschlitz ab, Kammer II füllt sich mit dem in die Kugelkappe einströmenden Gas, während ihr Ausflussschlitz noch unter Wasser liegt; von Kammer III hat sich der Einflussschlitz soeben über den Wasserspiegel erhoben, Kammer IV endlich liegt unter Wasser, aus dem nur ein Theil ihres Ausflussschlitzes hervorragt. Von der kleineren Trommel liegt Kammer I′ ganz und von Kammer II′ der Einfluss unter Wasser, der Ausfluss der letzteren ist frei, das austretende rückgemessene Gas gelangt in die Hauptkammer II. Kammer III′ ist mit rückgemessenem Gas angefüllt, doch ist ihr Einfluss und Ausfluss abgesperrt. Von Kammer IV′ hat sich der Einfluss eben über das Wasser erhoben und nimmt Gas zur Rückmessung auf.

Bei der in den Figuren 18 dargestellten Bewegungsphase hat sich die Hauptkammer I schon zum grössten Theil entleert, Kammer II ist mit Gas gefüllt, doch sind ihr Einfluss und Ausfluss durch Wasser abgesperrt. Kammer III hat sich beinahe bis zur Hälfte aus dem Wasser gehoben, von Kammer IV liegt auch der Einfluss noch tief unter dem Wasserspiegel. Die kleinere Kammer I′ liegt ganz unter Wasser, aus II′ gelangt, wie vorher, rückgemessenes Gas in die Hauptkammer II. Der Ausfluss der mit Gas gefüllten Kammer III′ ist noch abgesperrt und Kammer IV′ liegt zum Theil über Wasser und nimmt Gas zur Rückmessung auf.

Da in der kleinen Trommel der Druck geringer ist, als in der Haupttrommel, so steht in der ersteren der Wasserspiegel verhältnissmässig höher als in einer gewöhnlichen Crosley'schen Trommel; dies bewirkt, dass die Einfluss- und Ausflussschlitze zweier Nachbarkammern hier nur bei ganz niedrigem Wasserstand und auch dann nur für einen kurzen Theil der Drehung gleichzeitig über Wasser liegen können.

Eine andere Trommel mit Rückmessung rührt von Siry, Lizars & Co. her. Sie wird als System IIb bezeichnet und ist auf Tafel II in den Figuren 7 bis 13 dargestellt. In eine gewöhnliche Crosley'sche Trommel sind vier nach der Achse zu offene Schiffchen eingelegt, je zwei zueinander parallel. Die Schiffchen laufen vorn spitz zu und haben hinten eine kleine Oeffnung. Jedes Schiffchen reicht durch drei Trommelkammern hindurch; so liegt von dem Schiffchen III′ (Fig. 7) die Spitze in Kammer I, die Mitte in Kammer II und das hintere Ende in Kammer III. Dies Schiffchen entnimmt bei der Drehung der Trommel aus der Kammer I eine gewisse Menge Gas und führt es der Kammer III zu. Die Fig. 10 bis 13 stellen vier Bewegungsphasen der Trommel dar und lassen die verschiedenen Stellungen der Schiffchen genau verfolgen. So zeigt Fig. 10, wie das Ende des Schiffchens III′ ganz im Wasser liegt, während sich die Spitze gerade noch über dem Wasserspiegel befindet. Es ist somit der über dem Wasser liegende Theil des Schiffchens mit Gas aus der Kammer I gefüllt. Dreht sich nun die Trommel weiter, so taucht die Spitze in das Wasser ein und das Gas in dem Schiffchen ist abgesperrt. Bei weiterer Drehung erhebt sich der hintere Theil des letzteren aus dem Wasser und das vorher abgesperrte Gas wird dem in die Trommelkammer III neu einströmenden Gase beigemischt.

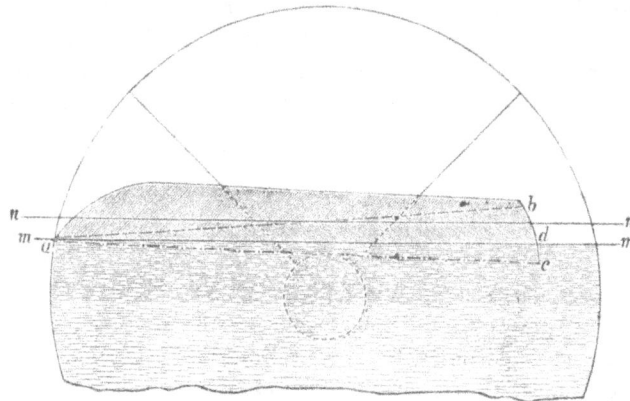

Fig. 9.

Wie die Schiffchen-Einrichtung den messenden Raum der Trommel von den Veränderungen des Wasserstandes unabhängig macht, lässt sich aus der obenstehenden schematischen Skizze (Fig. 9) erkennen. Hier deuten die Linie nn den höchsten, mm den tiefsten Wasserstand an. Das Schiffchen ist in der Lage gezeichnet, in der beim tiefsten Wasserstand seine Spitze gerade in das Wasser eintaucht. Letzteres erfüllt den zwischen dem Wasserspiegel a d und der unteren Kante a c gelegenen Theil des Schiffchens, während in dem Raum oberhalb von a d Gas abgesperrt ist. Die punktirte Linie a b ferner deutet an, bis zu welcher Tiefe das Schiffchen bei dem höchsten Wasserstande nn eintauchen würde. Der zwischen a b und a d eingeschlossene Theil des Schiffchens bildet somit diejenige Vergrösserung des Schöpfraumes, die durch das Sinken des Wasserstandes herbeigeführt wird. Wählt man daher die Dimensionen des Schiffchens so, dass der Raum zwischen a b und a d ebenso gross ist, wie die Vergrösserung, die eine einzelne Messkammer in Folge der Veränderung des Wasserstandes von nn bis mm erfährt, so ist der Messraum vom Wasserstand unabhängig.

Die kleine Oeffnung am hinteren Ende jedes Schiffchens bewirkt, dass das abgesperrte Gas aus dem Schiffchen auszutreten anfängt, bevor sich der untere Rand des letzteren aus dem Wasser hebt. Diese Anordnung trägt dazu bei, ein Schwanken des Wasserspiegels zu verhüten.

Die Angaben der Gasmesser können nur so lange richtig sein, als die **Geschwindigkeit ihrer bewegten Theile** eine gewisse Grenze nicht überschreitet. Bei den üblichen nassen Gasmessern für 3 Flammen macht die Trommel in der Stunde durchschnittlich 120 Umdrehungen, bei Gasmessern zu 5 Flammen etwa 110 Umdrehungen und bei den grösseren Gasmessern 100 Umdrehungen. Von diesen Mittelwerthen darf die Zahl der Trommelumdrehungen höchstens um ihren zehnten Theil abweichen. Da für jede Flammenzahl der stündliche Gasverbrauch V feststeht (vgl. S. 645), so lässt sich nun mit Hilfe der Anzahl der Trommelumdrehungen auch der Inhalt des messenden Raumes jedes Gasmessers näherungsweise herleiten. Da z. B. bei einem Gasmesser zu 20 Flammen $V = 3$ cbm ist, die Trommel aber durchschnittlich 100 Umdrehungen machen soll, so muss der Inhalt des messenden Raumes $\frac{3 \text{ cbm}}{100} = 30$ l betragen. Der genaue Werth von l hängt jedoch von der Anordnung ab, die für die Uebertragung der Trommelbewegung auf das Zählwerk gewählt ist. Bei jedem gut justirten Gasmesser muss nämlich eine volle Umdrehung der Hauptwelle W_1 des Zählwerkes (Tafel I Fig. 1) einer runden Zahl von Litern entsprechen. Gewöhnlich werden hierfür 100 l oder ein Vielfaches davon gewählt, bei Gasmessern zu 3 Flammen öfter auch 50 l. Der messende Raum muss daher so justirt werden, dass sein Inhalt dem aus jener Zahl und dem Uebertragungsverhältniss zwischen Schnecke s und Rad r abzuleitenden Sollwerth des l gleichkommt.

So hat bei einem Gasmesser zu 3 Flammen das Rad r in der Regel 28 Zähne, während die Schnecke doppelgängig ist. Soll nun eine volle Umdrehung von r genau 50 l entsprechen, so muss $l = \frac{50 \times 2}{28} = 3{,}57$ oder abgekürzt $= 3{,}6$ l sein.

Zu einer vollständigen Beschreibung gehört auch ein Ueberblick über die **Anordnung der Stempelung.** Dieselbe ist aus Tafel I Fig. 3 zu ersehen. Wo es nicht möglich war, die Stempelbilder in den Zeichnungen mit genügender Deutlichkeit darzustellen, ist durch Beifügung der Abkürzung *St.* auf das Vorhandensein eines Stempels jedesmal hingewiesen. Ausser der Stempelung an den Schildern genügen bei kleineren Gasmessern drei Stempel: ein Stempel sichert gegen Abnahme der Vorderwand der Vorkammer, ein Stempel gegen Abnahme der Hinterwand des Gehäuses, ein dritter Stempel schützt das Zählwerk. Die Stempel sind in der Weise anzubringen, dass eine Trennung der Theile des Gehäuses, eine Oeffnung des Zählwerks oder eine Abtrennung der gesonderten Schilder nicht ohne Verletzung der Stempel erfolgen kann. Bei grösseren Gasmessern werden daher an der Vorderwand der Vorkammer und an der Hinterwand des Gehäuses je zwei Stempel aufgesetzt, weil hier ein Stempel nicht immer genügenden Schutz gegen einseitiges Aufbiegen bieten könnte. Bei Gasmessern nach dem Hamburger Modell vgl. Fig. 3, S. 10) wird ausserdem noch die Verschlussplatte der Justiröffnung d durch einen Stempel gesichert.

Die **Stationsgasmesser** unterscheiden sich von den kleineren Gasmessern hauptsächlich durch das Fehlen der Absperrvorrichtung, die durch einen Flüssigkeitsstandzeiger ersetzt wird. Es gibt Stationsgasmesser, welche in ihrer sonstigen Einrichtung keine wesentliche Verschiedenheit von den kleineren nassen Gasmessern aufweisen und bei denen insbesondere die Einrichtungen für die Wasserzuführung sowie für den Ablauf des überschüssigen Wassers mit denjenigen der gewöhnlichen Gasmesser übereinstimmen. Häufig zeigen sie aber auch recht mannigfache Abweichungen von den kleineren Gasmessern. Gemeinsam ist allen Stationsgasmessern,

dass sie eine Crosley'sche Trommel enthalten, die in einem starkwandigen cylindrischen Gehäuse von Gusseisen, Schmiedeeisen oder besonders starkem Weissblech
eingeschlossen ist, sowie, dass sie an der Vorderseite das Zählwerk und einen
Wasserstandszeiger tragen. Die Trommel unterscheidet sich von den kleineren
Trommeln nur dadurch, dass durch Einfügung eiserner Ringe, Querrippen u. s. w.
den in entsprechender Grösse hergestellten Schaufeln die nöthige Festigkeit gegeben wird.

Die gebräuchlichste Einrichtung eines Stationsgasmessers ist auf Tafel III dargestellt. Das Gehäuse besteht aus einem cylindrischen Mantel, an dessen beiden
Flanschen (Fig. 1 und 2) ein Vorderboden V und ein Hinterboden H dicht angepasst
und durch eine grössere Anzahl von Schrauben fest angepresst sind. Der Hinterboden trägt meistentheils das Gaseinströmungs- und das Gasausströmungsrohr, auf
dem Vorderboden befinden sich die erforderlichen Bezeichnungen; Name und
Wohnort des Verfertigers sind häufig in den Vorderboden eingegossen.

Der Rohrstutzen A (Fig. 1), der mit dem Knierohr y in Verbindung steht, dient
zur Gaszuführung, der Rohrstutzen B zum Ausströmen des Gases. Die Trommel
liegt umgekehrt wie bei den kleineren Gasmessern, indem sich die Kugelkappe
gegenüber der Hinterwand des Gehäuses befindet. Am Vorderboden V ist das vordere
Lager für die Trommelachse W aufgelöthet, die hinten an dem Knierohr oder, was
auch häufig vorkommt, an einem besonderen Bock gelagert ist. Zur Wasserzuführung dient das Füllrohr F mit Trichter am Hinterboden, während der zum
Abfluss des überschüssigen Wassers vorgesehene Ueberlauf U am Vorderboden liegt.
Auf Tafel III ist das Zählwerk abnehmbar angenommen, häufig ist es aber auch in
einem am Vorderboden befestigten Schutzkasten eingeschlossen.

Der Flüssigkeitsstandzeiger Z, der in Fig. 3a in vergrössertem Maassstabe dargestellt ist, besteht aus einem in Metallfassungen eingesetzten Glasrohr
dessen unterer Theil durch das Rohr m mit dem Wasser im Gehäuse kommunizirt,
während der obere Theil durch die in V eingeschraubte Fassung S gehalten wird
und in dem Rohr a seine Fortsetzung findet. Letzteres ist über das Gehäuse hin-
weggeführt und mündet schliesslich in dem Gaseinströmungsrohr A (vgl. Fig. 1).
Durch diese Anordnung wird erreicht, dass der Gasdruck im Flüssigkeitsstandrohr
mit dem des einströmenden Gases übereinstimmt. Hinter dem Standrohr liegt der
Zeiger z, der die Höhe des normalen Wasserstandes angibt. Statt seiner findet sich
zuweilen ein Visir oder eine vertiefte Marke.

Um die richtige Aufstellung bei ihrer Anwendung zu sichern, sind die kleineren
Stationsgasmesser vielfach mit einem am Gehäuse befestigten Fussuntersatz versehen.
Bei den grösseren Gasmessern sind für diesen Zweck an dem Gehäuse ebene
Flächen oder geradlinige Marken angebracht, deren Horizontirung durch eine Setz-
waage, Wasserwaage oder dgl. controlirt werden kann. Die ebenen Flächen können
z. B. durch ein T-Stück geboten werden, das auf der höchsten Stelle des Mantels
aufgeschraubt oder an denselben angegossen ist. Die geradlinigen Marken sind in
der Regel vertieft, als ununterbrochene Linie oder als Folge von Punkten ausgeführt; sie sind in das Gehäuse selbst eingebohrt oder eingefeilt oder in Pfropfen
von weichem Metall eingeschnitten, die in das Gehäuse eingesetzt sind. Statt der
Marken findet sich auch wohl eine Pendeleinrichtung am Gehäuse.

Der Ueberlauf U wird in verschiedener Art ausgeführt, die drei gebräuch-
lichsten Formen sind in den Figuren 2, 3b und 3c abgebildet. In Fig. 2 besteht
der Ueberlauf aus einem senkrecht stehenden, oben und unten in Metallfassungen

eingesetzten Glascylinder, in den von unten her ein kurzes Metallrohr u, das eigentliche Ueberlaufrohr, hineinreicht, das sich dann nach unten in ein doppelt gebogenes Rohr c fortsetzt. Ein zweites Rohr verbindet U mit dem Innern des Gehäuses während ein drittes Rohr den oberen Theil von U mit dem Rohr a verbindet, so dass auch in dem Ueberlauf das Wasser unter dem Druck des einströmenden Gases steht.

Der Ueberlauf, den Fig. 3b darstellt, ist seitwärts in den Stutzen A eingeführt, seine Lage zu dem Hinterboden H ergibt sich aus dem beigefügten Grundriss. An das Rohr a setzt sich ein Rohrstück b an, das unten in eine Hahnfassung h ausläuft, die mit dem Innern des Gehäuses in Verbindung steht. Das Rohr b trägt seitlich das eigentliche Ueberlaufrohr u.

Fig. 3c zeigt den sogenannten King'schen Ueberlauf. Derselbe besteht im Wesentlichen aus einer Büchse U, in die von unten her das eigentliche Ueberlaufrohr u hineinreicht, dessen untere Fortsetzung bei h wieder mit dem Innern des Gehäuses in Verbindung steht. Das Rohr u wird von einer unten offenen, nahezu bis auf den Boden der Büchse reichenden Glocke e umschlossen. Der Druck des einströmenden Gases wirkt durch das Rohr a, das hier die Gestalt eines Doppelknies hat, auf das innerhalb der Glocke e befindliche Wasser und lässt es in dem Raum zwischen der Glocke und der Wand der Büchse U ansteigen. Aus diesem ringförmigen Raum fliesst es dann im Falle des Ueberschusses durch den Auslauf d ab. Um den Wasserstand leicht justiren zu können, ist auf das Rohr u eine Hülse aufgesetzt, die sich höher und tiefer schrauben lässt und festgelöthet wird, wenn der Wasserstand richtig regulirt ist.

Das Zählwerk wird entweder durch eine horizontale (Tafel III, Figuren 4 bis 7) oder durch eine vertikale (Figuren 8 bis 11) Hauptwelle getrieben. Bei beiden Arten stimmen die unter Gasdruck arbeitenden Theile der Uebertragung, die inneren Uebertragungsmechanismen in der Regel überein. Zur Aufnahme dieser Theile ist meist in dem Vorderboden eine Nische ausgespart (Figuren 1, 5 und 9), die durch eine starke, eiserne Verschlussplatte P (Fig. 4 und 8) wasserdicht abgeschlossen wird. In dieser Nische liegt das Ende der Trommelachse W_1, auf das ein Zahnrad R aufgesteckt ist. In dieses greift ein zweites Zahnrad R_1 ein, dessen Achse durch die Platte P mit einer Stopfbüchse (Fig. 5) hindurchgeht.

Bei den Zählwerken mit horizontaler Hauptwelle sitzt nun auf der Achse des Rades R_1 ausserhalb der Platte P das Triebrad T_1, in welches das Uebertragungsrad r eingreift, dessen Achse w_2 die Hauptwelle des Zählwerkes bildet und den Trieb t trägt. t treibt das seitlich gelagerte Rad r_1, dessen Trieb t_1 das Rad r_2 bewegt u. s. f. Zählwerke dieser Art sind stets abnehmbar, sie pflegen deshalb in einen aus zwei starken halbkreisförmigen, in der Mitte ausgeschnittenen Platten bestehenden Rahmen eingesetzt zu sein (Fig. 4). Die Platten werden durch Stützbolzen in entsprechendem Abstand von einander gehalten. Das Uebertragungsrad r, das nebst t und r_1 noch ausserhalb des Rahmens liegt, hat sein Lager nahezu im Centrum der Platten, auf seiner Achse sitzt der Zeiger der Literscheibe.

Bei den Zählwerken mit vertikaler Hauptwelle ist auf die Achse des Rades R_1 ausserhalb der Platte P eine Schnecke S (Fig. 8 und 9) aufgesteckt, die in das horizontale Rad r eingreift. Dieses sitzt auf der vertikalen Hauptwelle w_2, die oben eine Schraube ohne Ende trägt und mit ihr das Rad r_1 bewegt. Die Uebertragung von r_1 auf die übrigen Zählwerksräder stimmt mit der entsprechenden Anordnung bei kleineren Gasmessern überein.

Trockene Gasmesser.

Die trockenen Gasmesser sind nach der Zahl und der Anordnung ihrer Messkammern in drei Systeme eingetheilt. Gemeinsam ist ihnen, dass ihre Messkammern
zum Theil durch einen elastischen Stoff begrenzt werden, der an einem oder
mehreren beweglichen Flügeln befestigt ist. Der Druck des Gases bewirkt ein Hin-
und Hergehen dieser Flügel, sodass die Messkammern sich blasebalgartig öffnen und
schliessen. Gewöhnlich kommt für die Verbindung der Flügel Leder zur Anwendung,
das vorher auf verschiedene Arten präparirt und mit Oel getränkt wird. Es haben
indessen mannigfache Versuche stattgefunden, das Leder durch einen anderen Stoff,
durch ein Gewebe zu ersetzen. So sehr nämlich auch der Vortheil der trockenen
Gasmesser gegenüber den nassen in die Augen springt, so machten sich doch sehr
bald ganz erhebliche Nachtheile bemerklich, die ihren hauptsächlichsten Grund in
der Beschaffenheit und namentlich in der Veränderlichkeit der Membrane hatten.
Trotzdem wurde früher vielfach und wird zum Theil auch heute noch den trockenen
Gasmessern der Vorzug gegeben, weil man bei ihnen das besonders für kleinere
Gasanstalten sehr lästige und kostspielige Nachfüllen spart, und weil sie auch der
Gefahr des Einfrierens nicht unterliegen. Dass die trockenen Gasmesser auch deshalb vorgezogen werden, weil sich bei ihnen in Folge des Zusammenschrumpfens
und des Hartwerdens der Membrane im Allgemeinen eine Verkleinerung des messenden Raumes einstellt, während bei den nassen Gasmessern der messende Raum
durch das Verdunsten des Füllwassers grösser wird, weil also mit anderen Worten
sich die Angaben der trockenen Gasmesser zu Gunsten, die der nassen aber zu Un-
gunsten der Gasanstalten verändern, ist deshalb nicht ohne Weiteres anzunehmen,
weil die hart gewordenen Membranen nicht selten brüchig und dadurch die
trockenen Gasmesser undicht werden, wobei sich dann bei einem einzelnen Gasmesser so erhebliche Gasverluste ergeben können, dass der durch die Mehranzeige
vieler anderer erlangte Vortheil vollständig aufgewogen wird.

Der erste trockene Gasmesser wurde im Jahre 1820 von Maclam erfunden,
später von Glover verbessert und wird heute meist nach dem letzteren benannt.
Bei ihm wird die Messung durch zwei Bälge bewirkt, durch deren Bewegung
vier Messkammern entstehen. Diese Gasmesser werden als System III bezeichnet
und sind vorzugsweise im Gebrauch. Die in Deutschland am meisten verbreitete
Construction, die sich von der Glover'schen durch die Anordnung der Ventilsteuerung
etwas unterscheidet, ist auf Tafel IV dargestellt. Das Gehäuse (Fig. 1 bis 3, 8a und 8b)
hat im Wesentlichen die Gestalt eines viereckigen Kastens; das Eingangsrohr a und
das Ausgangsrohr b sind symmetrisch zu beiden Seiten angeordnet. Das Gehäuse
birgt in seinem unteren Theile die vier Messkammern, in dem oberen Theile
befindet sich die Steuerung, durch eine horizontale Scheidewand S von den Messkammern getrennt. In dem oberen Theile ist durch gasdichte Wände ein besonderer
Raum R_1, der Vorraum abgetheilt, während der untere Theil durch eine vertikale
Zwischenwand M in zwei Hälften geschieden wird. In der Scheidewand S und zwar
am Boden des Vorraums R_1 stellen vier rechteckige Schlitze v_1, v_3, h_1, h_3, die Verbindung des letzteren mit den Messkammern her, während zwei weitere Schlitze v_2,
h_2 aus dem Vorraum zum Ausgangsrohr führen. Die sechs Schlitze, von denen je
drei parallel neben einander liegen, sind in Fig. 2 im Schnitt dargestellt, während
in Fig. 3, die eine Ansicht der oberen Abtheilung des Gasmessers gibt, nur r_1
sichtbar ist.

Die Gaszuführung erfolgt durch das Rohr a, den Kanal a_1, der dicht unter der Scheidewand S liegt und das Loch c in den Vorraum, zur Gasausführung dienen ausser den Schlitzen v_2 und h_2 die beiden Kanäle d und d_1, die sich zu einem weiteren Kanal vereinigen und zum Ausgangsrohr b führen.

Bei den vier Messkammern unterscheidet man zwei innere und zwei äussere. Die beiden inneren J und J_1 (Fig. 2), werden von der Zwischenwand M und den beiden Blasebälgen, die äusseren K und K_1 von den letzteren, den Wänden des Gehäuses und der Scheidewand S begrenzt. An die Zwischenwand M ist auf jeder Seite ein breiter Blechring angelöthet, der durch die Membrane mit einer Blechkappe von gleichem Durchmesser verbunden wird. Die Verbindung geschieht in der Weise, dass ein Leder- oder Zeugstreifen an seinen Enden zu einem Ringe mit einer Art Kappnaht zusammengenäht, und sowohl auf dem Blechring als auch auf der Kappe gasdicht festgebunden wird.

Die äusseren Kammern stehen mit dem Vorraum durch die Schlitze v_1 und h_1 direct in Verbindung, aus den inneren Messkammern führen die trichterförmigen Düsen f und f_1, die durch die auf M festgelötheten Blechringe hindurchreichen und sich nach oben hin zu den kleinen Kanälen e und e_1 erweitern, zu den Schlitzen v_2 und h_2.

Um die Blasebalgkappen parallel zu führen, sind an jeder derselben je zwei Böcke z und z_1 mit langen Ausschnitten vorgesehen. In diese greifen U-förmig gebogene Drähte q und q_1 ein, die sich in kleinen, am Boden des Gehäuses befestigten Metallösen drehen. Ausserdem ist an jeder Kappe ein Rahmen m und m_1 angelöthet, der einen Zapfen o und o_1 trägt. Um diese drehen sich die Hebelarme n und n_1, die mit den vertikalen Wellen p und p_1 fest verbunden sind. Die letzteren reichen durch Stopfbuchsen in die obere Abtheilung des Gasmessers hinein, und übertragen hier die ihnen durch das Hin- und Hergehen der Kappen ertheilte drehende Bewegung vermittelst der Arme 1 und 3, sowie der Gelenkstangen 2 und 4 auf die um die Achse w_1 rotirende Kurbel k. Auch diese Achse geht durch eine Stopfbuchse hindurch in den Vorderraum R_1, wo sie einen Krummzapfen trägt, in welchem die Arme 5 und 6 angreifen. Diese sind drehbar an den Schieberventilen V und H angebracht, die nun in Folge der Drehung der Kurbel über den sechs Schlitzen eine hin- und hergehende Bewegung ausführen und so die Steuerung der Gaszu- und -Ausströmung bewirken. Die Schieber erhalten durch zwei fest mit ihnen verbundenen Stangen, die durch vier auf der Scheidewand angelöthete Ansätze hindurchgehen, eine geradlinige Führung.

Die Schieberkasten haben, wie aus den Figuren 5 zu ersehen ist, eine solche Gestalt, dass sie entweder die Seitenschlitze v_1, v_3, bezw. h_1, h_3 abschliessen, oder einen derselben mit den Mittelschlitzen v_2 und h_2 und durch Vermittlung desselben mit dem Ausgangsrohr verbinden, während gleichzeitig der andere Seitenschlitz frei wird. Dabei ist durch die Anordnung des Kurbelmechanismus darauf Bedacht genommen, dass die beiden Schieber stets eine verschiedene Lage zu ihren Schlitzen einnehmen, und dass die Achse w_1 mit der vollen Kraft des einen Balges gerade dann gedreht wird, wenn die Uebertragungswelle (p oder p_1) des anderen Balges den todten Punkt passirt. Um die Bewegung der Schieberventile zu sichern, verschieben sie sich nicht auf der Wand S selbst, sondern sind auf besondere Bahnen aufgeschliffen, die auf S festgelöthet sind und sechs den Schlitzen genau entsprechende Durchbrechungen enthalten. Eine solche Schieberbahn ist in natürlicher Grösse in der Fig. 10 dargestellt, der zugehörige Schieberkasten ist theilweise abgebrochen und seitwärts verschoben gezeichnet.

Bei der ursprünglichen Glover'schen Construction haben die Ventile statt der geradlinigen Bewegung eine drehende. Die sechs Schlitze, deren Lage im Wesentlichen mit den Darstellungen auf Tafel IV übereinstimmt, sind, wie aus Fig. 11 ersichtlich, in einem Kreisbogen angeordnet, um dessen Mittelpunkt die Schieberkasten eine schwingende Bewegung ausführen. Die Kasten sitzen an zwei Führungsstangen, die sich um eine, in diesem Mittelpunkt gelagerte Achse drehen. Diese

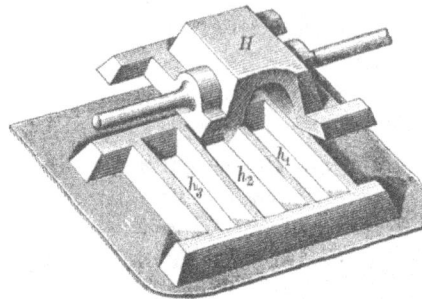

Fig. 10.

Anordnung der Ventile erfordert auch eine andere Anordnung des Kurbelmechanismus; der Lenkerarm 1 liegt etwas tiefer als der Arm 3, damit letzterer sich frei über dem ersteren bewegen kann.

Die Justirung der Grösse der Messkammern erfolgt durch Veränderung des Ausschlages der Blasebälge. Hierzu ist der Angriff der Gelenkstangen 2 und 4 in einen Ausschnitt in der Kurbelstange eingelegt, in dem er verschoben werden kann. Ist die Justirung erreicht, so wird die Stellung der Gelenkstangen durch Festlöthen gesichert. Zur Verhütung der Rückwärtsbewegung ist die Sperrung x vorgesehen, die sich bei jeder Rückwärtsdrehung der Kurbelstange k entgegenstellt.

Zur Bewegung des Zählwerks ist auf die Welle w_1 unmittelbar über dem Vorraum R, eine Schnecke s (Figuren 1 und 2) aufgesteckt, in die ein vertikal

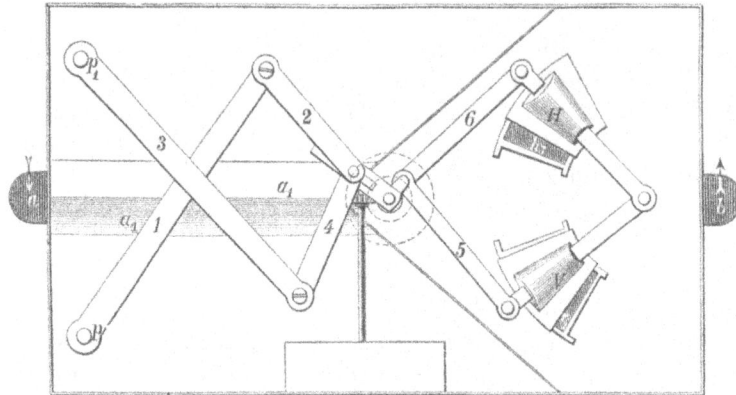

Fig. 11.

stehendes Rädchen r eingreift. Dieses überträgt die Drehung auf die horizontale Welle w_2, die in der Hauptwelle des Zählwerkes ihre Fortsetzung findet, wie aus Fig. 4 zu ersehen ist. Die Hauptwelle trägt dann unmittelbar den Zeiger der Literscheibe (siehe auch Fig. 7), auf ihr sitzt der Trieb t, der in das Zwischenrad r_1 von 60 Zähnen eingreift. Der Trieb t hat bei den kleineren Gasmessern sechs Zähne, bei den grösseren entsprechend mehr, während die übrigen Uebertragungen von einer Zählscheibe auf die andere bei allen Grössen durch je einen Trieb von sechs Zähnen und ein Rad von 60 Zähnen bewirkt zu werden pflegen. Der auf der Achse von r_1 sitzende Trieb t_1 greift wiederum in das Rad r_2 ein, auf dessen Achse der Zeiger für die die einzelnen Cubikmeter zählende Scheibe aufgesteckt ist.

Die Wirkungskreise der Messkammern und der Steuerung ist auf Tafel IV in den Fig. 6 schematisch dargestellt, wobei zur Vereinfachung angenommen ist, dass die Bewegungsrichtungen der beiden Ventile, welche in Wirklichkeit rechtwinklig zu einander liegen, parallel sind. In Fig. 6a steht die Messkammer K mit dem Eingang, I mit dem Ausgang in Verbindung, während I_1 und K_1 gegen Eingang und Ausgang abgesperrt sind, und zwar I_1 mit Gas gefüllt, K_1 dagegen leer. Wird nun das Ausgangsrohr des Gasmessers geöffnet, so verringert sich der Druck in I, das in K einströmende Gas drückt die bewegliche Wand zwischen I und K zusammen und treibt das in I vorhandene Gas dem Ausgang zu. Gleichzeitig erfolgt eine Verschiebung beider Ventile nach links hin. Die Verschiebung von V ändert zunächst nichts an der Verbindung von I und K mit dem Eingang und Ausgang, nur wird die bewegliche Wand zwischen I und K noch weiter zusammengedrückt. In Folge der Verschiebung von H wird aber die Kammer I_1 mit dem Ausgang, K_1 mit dem Eingang verbunden, so dass jetzt das in die Letztere einströmende Gas auf die bewegliche Wand zwischen I_1 und K_1 drückt und das Gas aus I_1 heraustreibt. So ergibt sich die in 6b gezeichnete Stellung: I und K sind gegen Ausgang und Eingang abgesperrt, letzteres ganz mit Gas gefüllt, ersteres vollständig entleert, K_1 füllt sich mit einströmendem Gas, I_1 steht mit dem Ausgang in Verbindung und führt seine Gasfüllung dahin ab. Die Bewegungsrichtung des Ventils V bleibt auch im weiteren Verlauf vorerst noch dieselbe, während H nunmehr die seinige umkehrt und sich nach rechts verschiebt. Weiter wird nun I mit dem Eingang und K mit dem Ausgang verbunden, während nach vollständiger Entleerung von I_1 und vollständiger Füllung von K_1 diese beide Kammern abgesperrt werden (Fig. 6c). Nunmehr kehrt auch V seine Bewegungsrichtung um, so dass sich beide Ventile nach rechts bewegen, bis die vierte Stellung in Fig. 6d erreicht ist. Hier ist I ganz gefüllt, K ganz entleert, beide

Fig. 13.

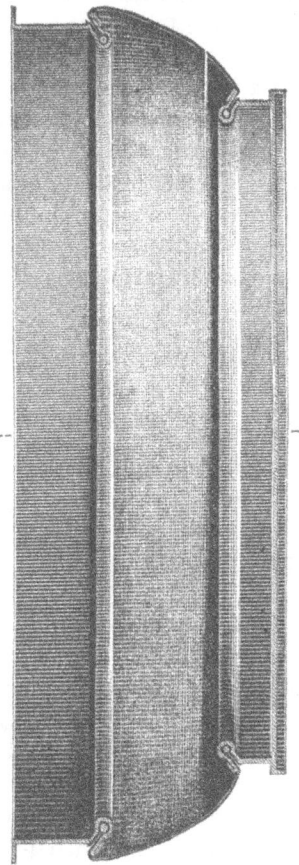

Fig. 12.

sind vom Eingang und Ausgang abgesperrt, während I_1 sich füllt, K_1 dagegen entleert. Wieder ändert H seine Bewegungsrichtung und verschiebt sich nach links, während die Bewegung von V nach rechts noch fortdauert und so die Kammer K mit dem Eingang, I dagegen mit dem Ausgang verbindet. Auch schreitet die Füllung von I_1 sowie die Entleerung von K_1 fort, bis endlich die Anfangsstellung von Fig. 6a wieder erreicht ist.

Da die Naht an dem Lederringe einmal eine Quelle der Undichtheit bildet, dann aber auch durch ihre Dicke die Beweglichkeit an dieser Stelle vermindert, so verwendet man vielfach Lederringe ohne Naht. Man giebt den Blechkappen dann einen kleineren Durchmesser als den Blechringen. Aus dem zu verwendenden Lederstück wird ein Kreisring geschnitten, dessen äusserer Kreis an dem Blechring befestigt, während der innere Kreis auf die Kappe aufgezogen wird. Diese Ringe werden meistens nicht auf das Metall aufgebunden, sondern in einem Falz befestigt, wobei, um das Leder zu halten, ein Bindfaden mit eingelegt wird. Fig. 12 S. 25 gibt einen Durchschnitt eines solchen Blasebalg, in Fig. 13 S. 25 ist ausserdem die Einlegung des Leders in den Metallfalz in vergrössertem Maassstabe dargestellt, wobei der Bindfaden im Schnitt erscheint.

Zuweilen erhalten die Blasebälge auch die Gestalt eines an den Ecken abgerundeten Quadrates; die Kappe wird dann gewöhnlich auch kleiner gewählt, als der Blechring, um Lederringe ohne Naht zu verwenden.

Wie schon hervorgehoben, liegt in der Veränderlichkeit der Membrane die Ursache einer grossen Unzuverlässigkeit der trockenen Gasmesser. Je kleiner nun die zur Verwendung kommenden Lederflächen sind, um so kleiner muss auch diese Unzuverlässigkeit der Gasmesser werden. Von diesem Gesichtspunkte ausgehend wird bei den Gasmessern des Systems IV die Anwendung des Leders auf schmale Streifen beschränkt. Die Construction dieser Gasmesser lehnt sich an die der Gasmesser des Systems III an, nur sind hier drei Bälge angewendet, durch deren Bewegung sechs Messkammern entstehen, und ausserdem sind die beiden

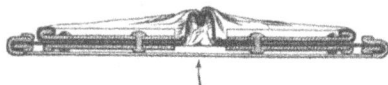

Fig. 14.

Ventile durch einen einzigen Drehschieber ersetzt, der die Verbindung sämmtlicher Messkammern mit dem Einlass und dem Auslass vermittelt.

Das Gehäuse hat die Gestalt eines aufrechtstehenden Cylinders (Tafel V, Figur 7), dessen Inneres, wie bei den zweibälgigen Gasmessern, durch eine in etwa zwei Dritteln seiner Höhe angebrachte, horizontale Scheidewand S (Fig. 4) in zwei Abtheilungen zerlegt wird, deren untere die Messkammern enthält, während in der oberen wieder die Steuerung untergebracht ist. Die untere Abtheilung enthält vier vertikale Wände, M, M_1, M_2, M_3 (Fig. 3), die von dem Cylindermantel bis zu einem in der Mitte befindlichen Rohre c reichen, das vom Boden des Gehäuses ausgeht, die Scheidewand S durchsetzt und sie noch ein wenig überragt (Fig. 4). Die beiden Wände M und M_1 laufen parallel und zwar in geringem Abstande von einander; der zwischen ihnen befindliche schmale Gang öffnet sich auf der einen Seite nach dem hier liegenden, entsprechend aufgeschlitzten Eingangsrohr a, auf der anderen Seite nach dem ebenfalls aufgeschlitzten Rohr c und vermittelt so die Einströmung des Gases. Die Wände M_2 und M_3 bilden mit einander und mit den beiden anderen Wänden Winkel von 120 Grad, so dass die untere Abtheilung, abgesehen von dem Einströmungsgang, in drei nahezu gleich grosse Cylinderausschnitte getheilt wird. In jedem dieser Ausschnitte ist ein Blasebalg angebracht, indem an den Seitenwänden eines jeden je ein schmaler, viereckiger Blechrahmen festgelöthet und mit einem in Oel getränkten Lederstück bespannt ist. Auf Letzteres sind sowohl vorn als hinten vier dreieckige Blechplatten so aufgelegt, dass jede vordere Belagplatte mit der entsprechenden hinteren durch Niete fest verbunden ist. Fig. 14 zeigt die Verbindung der Platten, deren Durchschnitte schraffirt gezeichnet sind, während die des Leders schwarz erscheinen. Die Platten sind an den Kanten umgefalzt und ausserdem sind unter die vorderen Belagplatten noch besondere Lederstreifen untergelegt um jede Beschädigung des Leders an scharfen

Blechkanten zu verhüten. Fig. 14 S. 26 zeigt auch, wie das Leder in die gleichfalls aus doppelten, am Rande umgefalzten Blechstreifen hergestellten Rahmenwände eingelegt ist und dort festgehalten wird.

Die Platten lassen zwischen sich und den Rahmenwänden nur schmale Leder-streifen frei; sie bilden die Wände jedes Blasebalges, denen der nicht belegte Theil des Leders die Beweglichkeit ermöglicht. Liegen die vier Platten in einer verti-calen Ebene, so füllen sie den Querschnitt ihres Rahmens aus, kommt der Gasmesser in den Betrieb, so biegen sie sich nach vorn wie nach hinten in der Form einer vierseitigen Pyramide aus. In Folge dieser hin- und hergehenden Bewegung ent-stehen die sechs Messkammern, drei äussere I, II, III, und drei innere I', II'-III' (Fig. 3). Jede dieser Messkammern steht mit der oberen Abtheilung des Gas-messers durch ein Loch in Verbindung, i_1, i_2, i_3 für die inneren, l_1, l_2, l_3 für die äusseren; i_1, i_2 und i_3 liegen unmittelbar am Rohre c, l_1, l_2 und l_3 dagegen in der Nähe des Cylindermantels. Von letzteren führen die drei flachen gebogenen Kanäle k_1, k_2, k_3 oberhalb der Scheidewand entlang bis an das Rohr c, so dass ihre Mün-dungen zwischen die Löcher i_1, i_2, i_3 fallen und diese sechs Löcher das Rohr c im Kreise umgeben. (Fig. 5 b).

Zur Parallelführung der Blasebälge dient ein Gelenksmechanismus, der z. B. (Taf. V Fig. 3 u. 4) für den Balg der Kammern I und I' aus einem Bügel m_1 besteht, inden ein vierarmiges Gelenkstück x_1 um einen Stift drehbar eingelegt ist. Vier bewegliche Hebel verbinden x mit den vier vorderen Belagplatten des Balges. m_1 trägt ferner den um eine kurze Achse drehbaren Hebel q_1, dessen anderes Ende an einem an der Wand M_3 angebrachten Arm ebenfalls drehbar befestigt ist, und endlich einen Verbindungshebel mit gabelförmigem Ende, n_1, der mit der verti-calen Welle p_1 fest verbunden ist und sie bei der Bewegung des Blasebalges hin und her dreht. p_1 und entsprechend für die beiden anderen Bälge p_2 und p_3 reichen durch Stopfbuchsen in die obere Abtheilung des Gasmessers und bewegen hier durch die Arme 1, 2, 3 und die Gelenkstangen 4, 5, 6 die die Achse w_1 drehende Kurbel z (Fig. 1). Der Angriff der Gelenke an der Kurbel ist verstellbar, um die Grösse der messenden Räume justiren zu können. Die Achse w_1 trägt die später zu be-trachtende Schnecke s und an ihrem unteren Ende ein Rad R, das mit zwei Mit-nehmerstiften (Fig. 5) in entsprechend vorspringende Ansätze des Schiebers V ein-greift. Letzterer dreht sich über den Löchern i_1, i_2, i_3 und über den Mündungen der Kanäle k_1, k_2, k_3 und bewirkt die Steuerung des Gasmessers. Zu diesem Zwecke ist auf die sechs Löcher und die von ihnen umschlossene Mündung des Rohres c eine Bahn aufgesetzt, die sieben entsprechende Aussparungen enthält und auf ihrer oberen, eben abgeschliffenen Fläche das Bett für den Drehschieber bildet (Fig. 5). Der Schieber V ist so gestaltet, dass er in jeder Lage die Mündung des Rohres c mit einem Drittel des von den sechs Löchern gebildeten Kreises verbindet, während das gegenüberliegende Drittel offen bleibt und die dazwischen liegenden beiden Sechstel von dem entsprechend verbreiterten Boden des Schiebers bedeckt werden. So können sich die Messkammern durch das Rohr c direct mit dem einströmenden Gas füllen, während das gemessene Gas frei in die obere Abtheilung entweicht, aus der es durch das Loch o (Fig. 2) dem Ausgangrohr b zugeführt wird, das an der Berührungsstelle der Wand M_3 mit dem Cylindermantel liegt, und ebenso wie das Eigangsrohr a so hoch ist, wie der ganze Gasmesser.

Die Wirkungsweise der Steuerung und der Messkammern ist auf Tafel V in den Fig. 6 schematisch dargestellt: in 6a und 6b sind noch Darstellungen der

Lage des Kurbelmechanismus hinzugefügt. Es sind hier nur die wesentlichsten Theile des Gasmessers wiedergegeben, auch sind die Zwischenwände M, M_1, M_2, M_3 sehr breit gezeichnet, um die Verbindung zwischen den inneren Messkammern und den entsprechenden Durchbrechungen des Schieberbettes deutlicher zu veranschaulichen. In Fig. 6a stehen die Kammern I' und III durch die Löcher i_1 und k_3 mit dem Rohr c, d. h. mit dem Eingang in Verbindung, i_2 und k_2 (Kammer II und II') sind gegen Eingang und Ausgang abgesperrt, während k_1 und i_3 (Kammer I und III') mit dem Ausgang verbunden sind. Kammer II ist dabei mit Gas gefüllt, II' dagegen ganz entleert anzunehmen. Wird nun das Ausgangsrohr geöffnet, so tritt Gas in I' und III ein, der Balg von I' bewegt sich nach aussen, der von III nach innen, so dass das Gas aus I und III' hinausgetrieben wird. Gleichzeitig dreht sich der Schieber V von links nach rechts, bis k_2 frei, k_1 dagegen geschlossen wird, so dass nach einer Drehung um 60° die Stellung der Fig. 6b erreicht ist. Jetzt ist I' ganz gefüllt, I ganz entleert, die Zuführungslöcher zu beiden, i_1 und k_1, sind geschlossen, das einströmende Gas gelangt noch wie vorher in die Kammer III, ausserdem aber auch in II', während ausser aus III' nun auch aus II das Gas entweicht. Eine weitere Drehung des Schiebers um 60° bringt die Stellung der Fig. 6c hervor, in der III und III' gegen Eingang und Ausgang abgesperrt sind, das einströmende Gas in die Kammern II' und I gelangt, und das gemessene Gas aus II und I' entweicht. Die Stellung in Fig. 6d endlich ist der in 6a entgegengesetzt: auch hier sind die Kammern II und II' abgespeert, aber erstere ist leer, letztere gefüllt, die Kammern I und III' sind mit dem Einlass, I' und III dagegen mit dem Auslass verbunden. Hierauf treten die den in den Figuren 6b und 6c abgebildeten entgegengesetzten Stellungen ein, bis schliesslich die Stellung von Fig. 6a zurückkehrt.

Die Anordnung des Zählwerks ist gegen die der zweibälgigen Gasmesser mit Rücksicht auf den zur Verfügung stehenden Raum insofern geändert, als hier eine bewegliche Literscheibe mit feststehendem Zeiger benutzt wird, die hinter die übrigen Zählscheiben verlegt ist. Fig. 8 stellt ein Zählwerk für einen fünfflammigen Gasmesser dar. Die Hauptwelle w_1, die durch ein auf ihr sitzendes Zahnrad durch die Schnecke s getrieben wird (Fig. 1), trägt unmittelbar die Literscheibe L und ausserdem den Trieb t, der in das Zwischenrad r_1 eingreift. Letzteres treibt durch den Trieb t_1 ein zweites Zwischenrad r_2 und dieses durch den Trieb t_2 das Rad r_3, auf dessen Achse der Zeiger der die einzelnen Cubikmeter angebenden Zählscheibe aufgesteckt ist. Die Uebertragung auf die übrigen Zählscheiben erfolgt dann wieder durch Triebe von 6 und durch Räder von 60 Zähnen.

Die Gasmesser des Systems V (Haas'sche Gasmesser) suchen den Einfluss der Veränderlichkeit der Membrane auf die Angaben der Gasmesser dadurch unschädlich zu machen, dass die Wände der Blasebälge sich an feste metallische Flächen anlegen, die ihre Bewegung begrenzen. Diese Gasmesser haben in der letzten Zeit nicht unwesentliche Veränderungen erfahren, ihre ursprüngliche Einrichtung ist auf Tafel VI abgebildet. Hier hatte das Gehäuse die Gestalt eines rechteckigen Kastens, der vorn einen kleinen Ansatz trägt (Fig. 5). Letzterer enthält die Steuerung, während die Messkammern in dem Gehäuse selbst liegen, wo sie in zwei nebeneinander aufgestellten, unten und oben festgelötheten Blechkapseln (Fig. 1 und 2) von im Wesentlichen rautenförmigem Verticalschnitt enthalten sind.

Jede Kapsel ist aus zwei Theilen zusammengesetzt: die Kanten beider Theile sind zusammengefalzt und halten eine, den inneren Raum in zwei Kammern

theilende gasdichte Membrane (Fig. 4). Die untere Hälfte jeder Membrane ist auf
beiden Seiten mit Blechplatten von gleicher Grösse belegt, die unter einander ver-
nietet und mit einer horizontalen Welle p und p_1 verbunden sind. Diese Wellen
ragen durch Stopfbuchsen aus den Kapseln hervor, und um hier einen gasdichten
Verschluss herbeizuführen, sind kurze Schlauchstücke aus gasdichtem Stoff mit dem
einen Ende auf die Welle, mit dem anderen Ende auf die Stopfbüchse aufgebunden,
wie Fig. 3 zeigt, so dass die Beweglichkeit der Wellen nicht beeinträchtigt wird.

Indem nun das Gas durch das Rohr k_1 oder durch das Rohr k_2 in die Kapsel
eintritt (Fig. 4), wird die Scheidewand M nach rechts oder nach links bewegt, so
dass in der Kapsel zwei Messkammern, I und II entstehen. In derselben Weise enthält die zweite Kapsel die Messkammern III und IV. Durch die Bewegung der
Scheidewände wird eine Drehung der Wellen p und p_1 herbeigeführt.

Das Gas gelangt nun durch ein kurzes, am Deckel des Gehäuses angebrachtes
Rohr a in den Gasmesser (Fig. 3) und zu der Steuerung, die aus zwei geneigt gegen
einander liegenden Kasten von trapezförmigem Querschnitt, den Steuerungskasten
besteht, die durch Zwischenwände in je drei Gänge geschieden werden. Die Gänge
öffnen sich nach obenhin zu je drei neben einander liegenden Schlitzen, i_1, v, i_2,
und i_3, h, i_4, von denen die beiden Mittelschlitze zu dem U-förmigen Kanal C führen,
an den das Ausgangsrohr b ansetzt, das zwischen den beiden Blechkapseln liegt und
ebenfalls am Deckel aus dem Gehäuse austritt. Die vier Seitenschlitze in den
Steuerungskasten stehen mit Rohren k_1, k_2, k_3, k_4 in Verbindung, die in die Wände
der Messkapseln münden. Diese Verbindung ist indessen für den linken Kasten
eine andere, als für den rechten, weil die beiden Kasten nicht dieselbe Einrichtung
erhalten haben, um den todten Gang des Gasmessers ganz zu überwinden Der
linke Kasten ist deshalb in den Figuren 6, der rechte in den Figuren 7 besonders
abgebildet.

Bei dem linken Kasten trennen zwei verticale Scheidewände, wie Fig. 6a zeigt,
den Mittelgang, der vorn in den Schlitz v ausläuft, und hinten (Fig. 6b) in den
Kanal C mündet, von den beiden Seitengängen, G_1 und G_2, die durch die beiden
Schlitze i_1 und i_2 direkt mit den Rohren k_1 und k_2 in Verbindung stehen.

Der rechte Steuerungskasten enthält, wie in den Figuren 7b und 7c dargestellt
ist, ausser den beiden senkrechten Scheidewänden, die den zum Schlitz h führenden
Mittelgang abschliessen, noch eine schräg liegende Wand, hinter der die beiden
Gänge G_3 und G_4, zum Theil übereinanderlaufend, angeordnet sind (Figur 7c), so
dass das Rohr k_3 auf der linken Seite des Mittelganges liegt, während sich der mit
ihm durch den Seitengang G_3 verbundene Schlitz i_3 rechts vom Mittelgang befindet,
und umgekehrt das Rohr k_4 rechts vom Mittelgang, der dazu gehörige Schlitz i_4
dagegen links vom Mittelgang liegt. In der schrägen Wand stellen die Löcher l_3
und l_4 die Verbindung zwischen den vor und hinter derselben liegenden Theilen der
Seitengänge G_3 und G_4 her.

Ueber den Schlitzen i_1, v, i_2 und i_3 h, i_4 führen die beiden Schieberventile V und H
eine hin- und hergehende Bewegung aus, bei der jedes Ventil entweder die Seitenschlitze gleichzeitig abschliesst, oder den einen derselben mit dem Mittelschlitz und
dadurch mit dem Ausgangsrohr b verbindet, während zugleich der andere Seitenschlitz für das das Innere des Gehäuses erfüllende, einströmende Gas frei wird. Die
beiden Ventile erhalten durch je zwei fest mit ihnen verbundene Stangen, deren
jede durch eine Oese hindurchgeht, eine geradlinige Führung.

Die Schieberventile werden durch die Drehung der Wellen p und p_1 in Bewegung gesetzt (Fig. 1), indem zwei fest mit den Letzteren verbundene Ansätze die beiden Stangen 5 und 6 tragen, welche die Verbindung mit den Schiebern H und V herstellen. Die Wellen p und p_1 greifen ausserdem mit den Armen 1 und 3 sowie den Gelenkstangen 2 und 4 an einer um die Welle w_1 rotirenden Kurbel an; die auf w_1 aufgesteckte Schnecke s greift in das horizontale Rad r ein (Fig. 2), das die Drehung von w_1 auf die vertikale Welle w_2 (Fig. 3) überträgt, auf der die Litertrommel und die durch den Trieb t_1 das Zählwerk treibende Schraube ohne Ende sitzt. Die Einrichtung des Zählwerks stimmt mit den bei den nassen Gasmessern üblichen überein.

Zur Erläuterung der Wirkungsweise der Messkammern sind diese in den schematischen Darstellungen der Fig. 8 auf Taf. VI in vier Phasen der Bewegung zugleich mit den entsprechenden Kurbelstellnngen abgebildet. In Fig. 8a hat der linke Schieber V seine äusserste Stellung nach links und verbindet die Kammer I durch das Rohr k_1 mit dem Ausgang, während das einströmende Gas durch k_2 in die Kammer II tritt. Die Rohre k_3 und k_4 sind durch den rechten Schieber H vollständig abgesperrt, wobei Kammer IV mit Gas gefüllt, Kammer III dagegen leer ist. Bei der Oeffnung des Ausblashahns wird der Druck in Kammer I vermindert, die Scheidewand M wird nach links hin bewegt und dadurch das Gas aus I ausgetrieben. Gleichzeitig wird der Schieber H nach links, Schieber V dagegen nach rechts geführt. Letztere Bewegung ändert zunächst nichts an der Verbindung der Kammer I und II mit dem Ausgang und dem Eingang, dagegen wird durch die Verschiebung von H der Schlitz i_3 frei, so dass Gas in die Kammer III eintreten kann, während der Schlitz i_4 mit dem Ausgang verbunden wird, um das Gas aus der Kammer IV entweichen zu lassen. Hat sich nun die Kammer I vollständig entleert, II dagegen ganz mit Gas gefüllt, so tritt die Stellung der Fig. 8b ein, in der Schieber V seine mittlere, i_1 und i_2 gleichzeitig absperrende Stellung einnimmt, während der Schieber H ganz nach links gegangen ist und die Kammer III mit dem Eingang, IV dagegen mit dem Ausgang verbindet. Der Schieber V bewegt sich nun weiter nach rechts und H verschiebt sich in derselben Richtung, wodurch I mit dem Eingang verbunden wird und sich mit Gas zu füllen beginnt, während aus der mit der mit dem Ausgang verbundenen Kammer II das Gas entweicht, und die Füllung der Kammer III sowie die Entleerung der Kammer IV fortschreitet. So wird die Stellung der Fig. 8c erreicht, wo IV leer, III ganz gefüllt ist und beide abgesperrt sind, der Schieber V seine äusserste Stellung nach rechts eingenommen hat und nun beginnt, seine Bewegungsrichtung umzukehren, ohne dadurch zunächst in der Verbindung der Kammer I und II mit dem Eingang und dem Ausgang eine Aenderung zu bewirken. Dagegen öffnet die weitere Verschiebung von H die Kammer IV dem einströmenden Gas, welches das gemessene Gas aus der Kammer III dem Ausgange zutreibt, wobei schliesslich die Stellung der Fig. 8d erreicht wird, in der die Kammer I vollständig gefüllt, die Kammer II leer ist, während die Füllung von IV und die Entleerung von III noch andauern. Dann strömt in die Kammer II wieder Gas ein und drückt das gemessene Gas aus der Kammer I heraus, bis die Stellung der Fig. 8a zurückkehrt.

Die Gasmesser des Systems V weichen in ihrer äusseren Form vollständig von allen anderen Systemen ab, so dass man sie nicht ohne Weiteres gegen Gasmesser anderer Systeme auswechseln konnte. Um dies zu ermöglichen, wurde die Construction so geändert, dass die Gasmesser die Gehäuse des Systems III erhalten konnten. Hierdurch wurde eine erhebliche Umgestaltung der inneren Einrichtungen erforderlich. Da indessen die Grundzüge des Systems erhalten blieben, so wurde die neue Construction als System Va bezeichnet.

Fig. 15 zeigt einen solchen Gasmesser nach Abnahme der Seitenwände in perspectivischer Darstellung. Das Gas tritt durch das in der Figur nicht sichtbare, links liegende Eingangrohr und erfüllt das Gehäuse, um aus diesem durch die Ventile in die Messkapseln K_1 und K_2 zu strömen. Diese sind gegen die des Systems V so gedreht, dass die Drehachsen der Scheidewände senkrecht stehen. Dadurch erhalten die letzteren einen ruhigeren Gang, da bei der horizontalen Anordnung ihrer Achsen das Gewicht der Wände die Drehgeschwindigkeit beeinflusste. Um die messenden Räume noch mehr gegen die Veränderlichkeit der Membrane zu schützen und dadurch sicherer zu begrenzen, ist auch die bisher freie Hälfte der Membrane beiderseitig mit Blechen bekleidet, die ebenfalls um verticale Achsen drehbar sind, so dass zwischen den beiden Blechflügeln nur ein schmaler Streifen der Membrane frei bleibt.

Die Steuerung, die an sich gegen die des Systems V nicht verändert ist, liegt oberhalb der Messkapseln. Die beiden Schieber M_1 und M_2 stellen die Verbindung mit dem Innern der Messkammern her, zu denen vier Rohre führen, für die Vorderkammern der

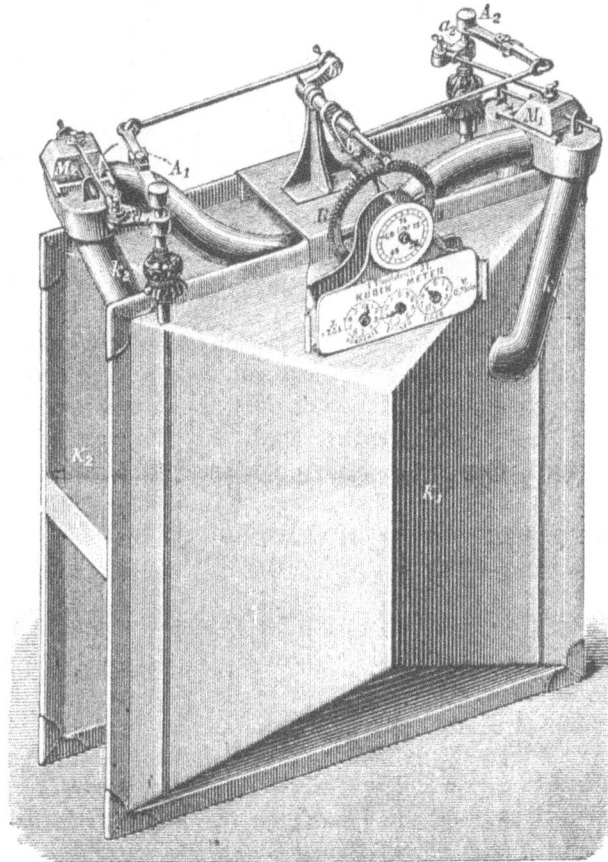

Fig. 15.

Messkapseln die Rohre k_1 und k_2, denen für die Hinterkammern zwei gleiche, in der Zeichnung nicht sichtbare Rohre entsprechen. Den Austritt des Gases vermitteln die beiden unbezeichneten Rohre, die aus den Schieberkästen unter die Hauptwelle führen, sich dort vereinigen und nach rechts zum Ausgang führen.

Die Bewegung der Scheidewände wird durch die auf ihren Achsen sitzenden Arme A_1 und A_2, die mittels Koppeln die um 90° gegeneinander versetzten Kurbeln b_1 und b_2 antreiben, auf das Zählwerk übertragen. Ein auf der Welle dieser Kurbeln befestigter Trieb greift in das zum Zählwerk gehörige Zahnrad R ein.

Zum Zwecke der Justirung sind die Armlängen A_1 und A_2 verstellbar eingerichtet. Da aber bei einer stärkeren Justirung an dieser Stelle leicht die

Besonderheit des Systems V verloren gehen könnte, dass nämlich die beweglichen
Scheidewände die Begrenzung ihres Weges durch Anlegen an eine feste Wand finden,
so wird die Justirung auch in der Weise vorgenommen, dass das Rad R durch ein
anderes Rad gleicher Art aber mit etwas anderer Zahnzahl ausgewechselt wird.

Die Ventilsteuerung dieser Gasmesser ist neuerdings noch einer erheblichen
Veränderung unterworfen worden, die in Fig. 16 dargestellt ist. Die beiden Ventile, die früher getrennt von einander auf beiden Seiten des Gasmessers angeordnet

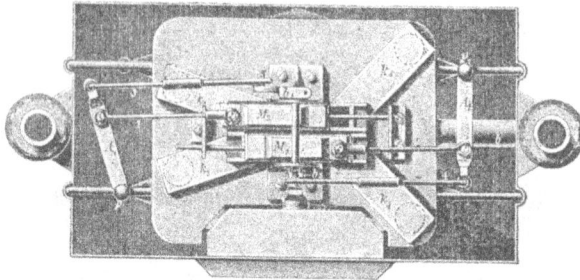

Fig. 16.

waren, sind jetzt nebeneinander
gelegt, so dass die beiden Schieber M_1 und M_2 ihre Bewegung
nun parallel zu einander ausführen. Zugleich sind sie im
Verhältniss zu ihrer Breite
wesentlich länger ausgeführt
worden, um ein leichteres Gleiten
auf der Bahn und eine gleich-
mässigere Bewegung herbeizuführen. Die Bahnen liegen auf
einem gemeinsamen Kasten, der
fünf Abtheilungen enthält, von denen die mittlere, unter beiden Schiebern sich
ausdehnende die Verbindung mit dem Ausgangsrohr b herstellt, während die vier
anderen durch die Kanäle k_1 k_2 k_3 k_4 zu den vier Messkammern führen.

Die Schieber werden durch die Drehung der Flügelachsen p und p_1 bewegt,
die auf ihren freien Enden die Arme A_1 und A_2 tragen, von denen die Stangen 1
und 2 zu den Schiebern führen, während die Stangen 3 und 4 wie früher die beiden
um 90° gegeneinander versetzten Kurbeln b_1 und b_2 und dadurch das Zählwerk treiben.

Fig. 17.

Fig. 18.

Gleichzeitig ist auch noch an den Kapseln eine geringe Aenderung vorgenommen
worden, um den noch immer verbliebenen todten Raum möglichst ganz zu beseitigen.
Es sind nämlich die Ränder der beiden Kapselhälften so dicht aneinandergebracht
worden, dass sie die Flügelachsen eng umschliessen (s. Fig. 17), so dass sich die
Flügel ihrer ganzen Länge nach an die Kapselwände anlegen können, während sich
bei der früheren Anordnung, die zum Vergleiche noch einmal in Fig. 18 abgebildet
ist, nur die Spitzen der Flügel an die Wände anlegten, so dass zwischen beiden ein
keilförmiger Raum unbenutzt blieb.

Es erübrigt nun noch, auf einige Besonderheiten in den Constructionen einzugehen, die bisher unberücksichtigt bleiben mussten, wenn nicht die Uebersichtlichkeit der Darstellung verloren gehen sollte. Es sind dies einerseits Einrichtungen, die es gestatten, zwei verschiedene Verbrauchs-Arten von Gas zu registriren, und andererseits Verbesserungen an den Zählwerken, die entweder darauf abzielen, die Ablesung zu erleichtern und Irrthümer dabei auszuschliessen, oder aber die Ablesung zu controliren und dadurch etwaige Ablesungsfehler erkennbar zu machen gestatten sollen.

Als vor etwa fünfzehn Jahren die Gaskraftmaschinen in den gewerblichen Betrieben sich mehr und mehr einzubürgern begannen und gleichzeitig auch im Wirthschaftsleben der Gasverbrauch zu Koch- und Heizzwecken Eingang fand, wurde von allen Seiten der Wunsch laut, für diese gewerblichen und wirthschaftlichen Zwecke das Gas billiger zu beziehen. Die Gasanstalten, denen gegenüber der auftretenden Concurrenz des elektrischen Lichtes daran gelegen sein musste, sich neue Absatzgebiete zu erringen, und für die sich ausserdem aus der Verwendung ihres Gases zu gewerblichen und wirthschaftlichen Zwecken ein gleichmässiger, über den ganzen Tag vertheilter Gasverbrauch ergab, kamen im eigenen Interesse diesem Wunsche entgegen, indem sie den Preis des für diese Zwecke abgegebenen Gases nicht unerheblich niedriger fixirten, als den des Leuchtgases. Daraus folgte aber, dass dieser zweifache Gasverbrauch auch zweifach registrirt werden musste, um die verschiedenartige Berechnung zu ermöglichen.

Diesem Bedürfnisse sollten zwei Constructionen von Gasmessern abhelfen. Bei der einen wurde zu dem Zählwerke des Gasmessers noch ein zweites hinzugefügt, das zeitweilig mit dem ersten zusammengekoppelt werden konnte, so dass entweder nur das eine Zählwerk oder aber beide zu gleicher Zeit registrirten — Gasmesser mit Doppelzählwerk —; bei der zweiten Construction wurde der Gasmesser ebenfalls mit zwei Zählwerken versehen, von denen aber immer nur das eine durch eine Umschaltvorrichtung mit der Hauptwelle in Verbindung gebracht wurde — Gasmesser mit Wechselzählwerk. Beide Arten von Gasmessern sollten das während der Tagesstunden verbrauchte Gas gesondert von dem nach Eintritt der Dunkelheit zur Verwendung kommenden registriren — sie entsprachen also dem Interesse der Gasanstalten vollständig, während sie für die Consumenten den Fall unberücksichtigt liessen, dass auch nach Eintritt der Dunkelheit noch Gas zu gewerblichen und wirthschaftlichen Zwecken gebraucht werden konnte, was doch besonders bei den kurzen Wintertagen in ziemlich beträchtlichem Umfange der Fall ist. Dies ist wohl hauptsächlich der Grund gewesen, wesshalb diese beiden Gasmesserconstructionen nur eine geringe Verbreitung gefunden haben. In den überwiegend meisten Fällen, in denen Gas für Kraft-, Koch- und Heizzwecke in erheblicherem Maasse zur Verwendung kam, wurde hierfür ein eigener Gasmesser, der nur dieses Gas registrirte, aufgestellt. Der Vollständigkeit wegen dürfen aber wohl die Gasmesser mit Doppel- und Wechselzählwerk hier nicht fehlen.

Die Gasmesser mit Doppelzählwerk sind nasse Gasmesser. Ueber dem Hauptzählwerk, das in genau derselben Weise, wie auf Tafel I Fig. 1 ersichtlich, mit der Trommelachse verbunden ist, befindet sich das Zusatzzählwerk, dessen Einrichtung sich von dem Hauptzählwerke in nichts unterscheidet. Die Welle W_2 (Taf. I Fig. 1 und 4c) endet über der Literscheibe des Hauptzählwerkes in einem T-förmigen Ansatz, auf dem die Hauptwelle des Zusatzzählwerkes mit einem Spurzapfen ruht. Auf letzterer Welle lässt sich eine Kuppelungshülse in verticaler Richtung verschieben. Wird sie nach unten bewegt, so gelangt ein an ihr befindlicher

Mitnehmerstift in den Bereich der Arme des T-förmigen Ansatzes, so dass bei der
Drehung der Welle W_2 des Hauptzählwerkes auch die entsprechende Hauptwelle
des Zusatzzählwerkes mitgenommen wird.

Die Verschiebung der Kuppelungshülse kann auf verschiedene Weise bewirkt
werden. Wird das von dem Zusatzzählwerke registrirte Gas durch eine besondere
Leitung seiner Verbrauchsstelle zugeführt, so wird in der Regel ein mit der Hand
zu stellender Hahn benutzt, der dem Gase diesen Ausgang öffnet. Die Drehung
des Hahnes bewirkt dann gleichzeitig mit Hülfe eines geeigneten, in das Zählwerk-
gehäuse hineinreichenden Fortsatzes die Verschiebung der Kuppelungshülse. Gewöhnlich wird aber die Kuppelung durch Verstärkung des Gasdruckes von der
Gasanstalt aus bewirkt. Es ist dann an dem Gasmesser ein besonderer Kasten angebracht, der durch ein in seiner Mitte aufsteigendes Rohr mit dem Eingangsrohr
in Verbindung steht. Der Kasten wird zur Hälfte mit Glycerin oder einer anderen
Flüssigkeit gefüllt, worin eine unten offene, oben geschlossene Glocke schwimmt,
die durch den von dem aufsteigenden Rohre vermittelten Gasdruck getragen wird,
und mit dem stärker oder schwächer werdenden Gasdrucke auf und absteigt. Diese
Bewegung der Glocke überträgt sich auf den an ihr befestigten Arm eines Hebels,
dessen anderer Arm in das Zählwerksgehäuse hineinreicht und die Kuppelungshülse
gabelförmig umfasst. Die Hebung der Glocke hat demnach die zur Kuppelung der
beiden Zählwerke erforderliche Verschiebung der Kuppelungshülse nach unten zur
Folge, so dass ein verstärkter Druck von der Gasanstalt aus genügt, um die Kuppelung der beiden Zählwerke herzustellen. Um auch nach Aufhören des verstärkten
Druckes die Kuppelung zu erhalten, sowie sie andererseits zu geeigneter Zeit durch
erneute Verstärkung des Gasdruckes wieder aufzuheben, ist eine Sperr- und Auslöse-
vorrichtung vorgesehen.

Die Gasmesser mit Wechselzählwerk sind trockene Gasmesser, die sich
von den gewöhnlichen trockenen Gasmessern nur durch die mit den beiden neben-
einanderliegenden Zählwerken verbundene Umschaltvorrichtung unterscheiden. Die
letztere, wie sie zu einem fünfflammigen Gasmesser des Systems III gehört, ist in
der nebenstehenden Fig. 19 in halber natürlicher Grösse dargestellt. Auch hier wird
die Umschaltung durch Verstärkung des Gasdruckes von der Gasanstalt aus bewirkt.
Es ist zu diesem Zwecke oberhalb des Zählwerkes ein Lederbalg, B, vorgesehen,
der durch das verticale Rohr a_2 mit der Gaszuführung in Verbindung steht. Die
Kappe dieses Balges ist durch aufgelegte Gewichte so beschwert, dass sie erst
gehoben wird, wenn der Gasdruck um 10—15 mm steigt. An der Kappe ist die
nach unten abgedichtete Stange befestigt, die die Bewegung des Balges auf die um
die Achse des Rades L drehbare Schaltvorrichtung h überträgt. Diese greift mit einer
Sperrklinke in acht am Umfange von L angebrachte Zähne ein, so dass L bei jeder
Hebung des Blasebalges um eine Achtel-Umdrehung fortschreitet. Beim Nachlassen des stärkeren Druckes senkt sich die Kappe des Balges, und mit ihr die
Stange g und die Schaltvorrichtung h wieder, nimmt aber diesmal das Rad L nicht
mit, da dieses durch die Sperrfeder i an der Rückwärtsbewegung verhindert wird.
Auf der Achse von L ist das Daumenrad l befestigt, das bei der Drehung von L
mit einem seiner vier Daumen gegen Vorsprünge des winkelhebelartig gestalteten
Ankers $k_1 k_2$ stösst. In der Abbildung ist diejenige Lage dieses Ankers gezeichnet, in
der er nach erfolgter Hebung des Balges B durch Anstoss eines Daumens an den
Vorsprung k_1 ganz nach links hinübergedrückt ist. Das beim Nachlassen des verstärkten Druckes erfolgende Zurücksinken von B ändert an der Stellung des Ankers

nichts. Tritt nun aber durch wiederum verstärkten Druck eine neue Hebung von B ein, so muss das Rad L wieder um einen Zahn fortschreiten, und hierbei stösst das Daumenrad gegen den rechten Schenkel k_2 des Ankers und hebt ihn an, wodurch der Schenkel k_1 zu einer Bewegung nach rechts gezwungen wird. Der Schenkel k_1 nimmt die Zugstange u mit und diese überträgt seine Bewegung auf

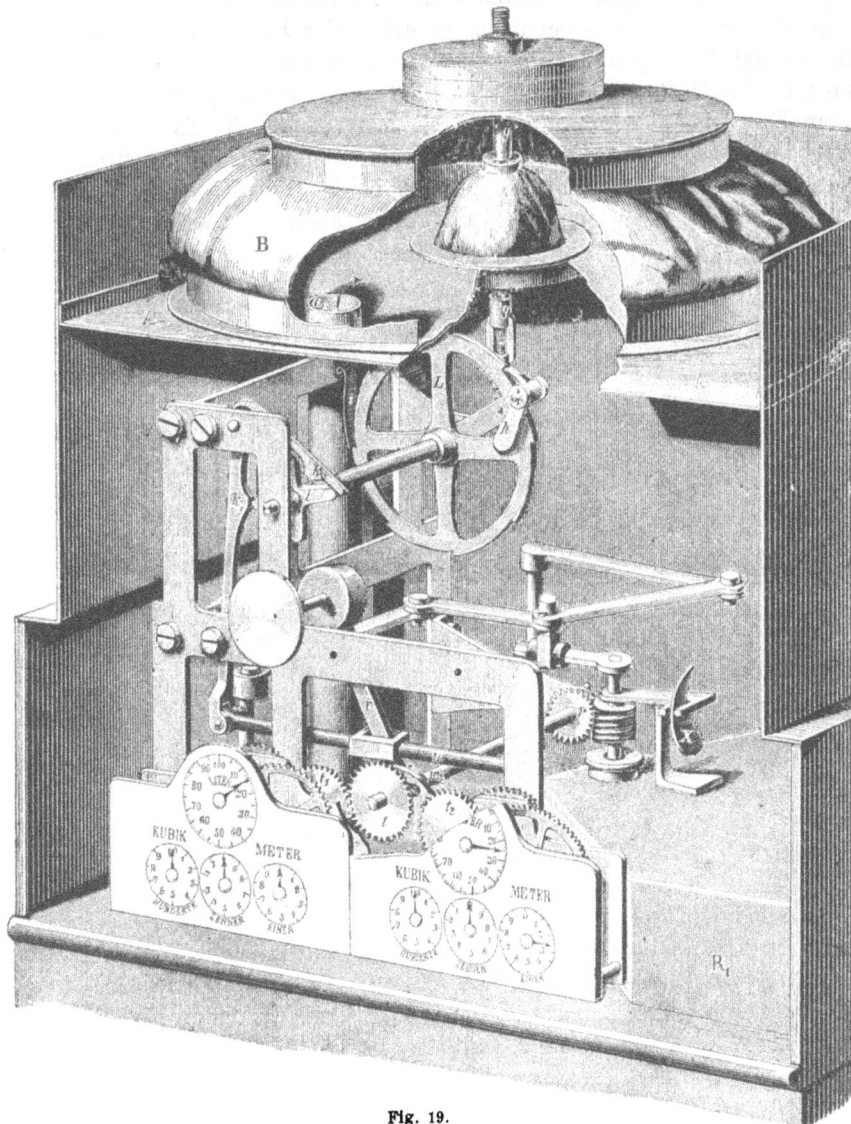

Fig. 19.

den Hebel v, der an seinem oberen Ende durch ein Gewicht beschwert ist und dadurch gezwungen wird, in eine seiner beiden Endlagen zu fallen, sobald er einmal angehoben worden ist. Mit einem Schlitz umfasst dieser Hebel v die Uebertragungswelle w_2 (vgl. Fig. 20 u. 21 S. 36), die hinten in gewöhnlicher Weise, vorne aber in der schlitzförmigen Durchbohrung s_1 (Fig. 19) gelagert ist, so dass das vordere Ende dieser Welle nebst dem auf ihm sitzenden Triebrade t eine kleine Bewegung

nach rechts und links machen, in deren beiden Endlagen t entweder in das Hülfsrad t_1 des linken Zählwerkes, wie in Fig. 19 dargestellt ist, oder in das Hülfsrad t_2
des rechten Zählwerkes eingreift. Diese Bewegung der Welle w_2 wird nun durch
den Hebel v vermittelt. Wird dieser bei seiner Drehung über die senkrechte Lage
hinausgeführt, so stösst das eine Ende seines Schlitzes auf die Welle w_2 und nimmt
sie mit. Wird z. B. der Hebel v durch eine Verstärkung des Gasdruckes aus der in
Fig. 21 gezeichneten Stellung gehoben, so stösst das linke Ende des Schlitzes auf
die Welle w_2 (vgl. Fig. 21) und drückt diese nach rechts. Hierdurch wird der Eingriff von t in das Hülfsrad t_1 aufgehoben und dafür der Eingriff mit t_2 hergestellt.
Um diesen Eingriff ganz sicher erfolgen zu lassen, sind die Zähne der Räder zu-
gespitzt und ausserdem liegt die Welle w_2, um wenigstens den dritten Theil des
Durchmessers von t höher als die Achsen der beiden Räder t_1 und t_2. Schliesslich
trägt der Hebelarm v an seinem oberen Ende noch eine weisse Scheibe, deren
jeweilige Lage durch Ausschnitte des Gehäuses hindurch wahrgenommen werden

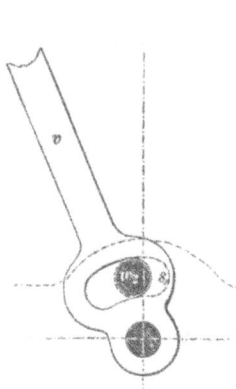

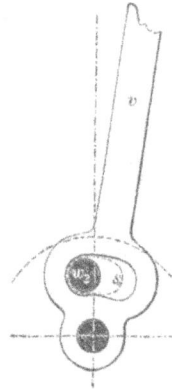

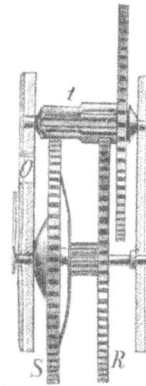

Fig. 20.   Fig. 21.   Fig. 22.   Fig. 23.

kann, um so von aussen kenntlich zu machen, welches der beiden Zählwerke mit
der Welle w_2 gekuppelt ist.

Die Ablesung des Zählwerks scheint in einzelnen Fällen auf Schwierig-
keiten gestossen zu sein. Besonders bei kleinen Gasanstalten, welche diese Arbeit
durch ein wenig geschultes Personal ausführen lassen müssen, haben unrichtige
Ablesungen und dadurch veranlasste unrichtige Festsetzungen des Gasconsumes
wiederholt zu Unannehmlichkeiten geführt. Es sind deshalb von verschiedenen
Seiten Controlvorrichtungen an den Zählwerken vorgeschlagen worden, deren An-
bringung vom aichtechnischen Standpunkte Bedenken nicht entgegenstanden.

Die Illgen'sche für trockene Gasmesser bestimmte Controlvorrichtung besteht
aus einer auf der Einerachse des Zählwerks gleich hinter dem Zifferblatt drehbar
aufgesteckten gezahnten Scheibe S (Fig. 22 und 23), die von dem Trieb t zugleich
mit dem Einerrade R (Fig. 23) bewegt wird. Die Anzahl der Zähne von S verhält
sich zu der von R wie 11 zu 10 und auf S sind (in umgekehrter Richtung wie auf
der Zählscheibe) in gleichen Abständen die elf Ziffern 0 bis 10 aufgetragen, die nacheinander in einem hierfür vorgesehenen Ausschnitte 0 im Zifferblatt sichtbar werden.
Haben bei Beginn der Bewegung sowohl die Zeiger der Zählscheiben, als auch die
Scheibe S auf Null gestanden, so hat beim Vorrücken um 11, 22, 33 u. s. w. Cubikmeter die Scheibe S eine, zwei, drei u. s. w. volle Umdrehungen gemacht, und in

dem Ausschnitt ist dann immer wieder die Ziffer 0 zu sehen. Bei jeder anderen Anzeige des Zählwerks steht eine andere Ziffer in dem Ausschnitt, und zwar diejenige, die als Rest übrig bleibt, wenn die Zahl der angezeigten Cubikmeter durch 11 dividirt wird. Diese Zahl kann daher zur Controle der Ablesung dienen, falls sie bei der Aufnahme der Zählwerke mit abgelesen wird. Sind z. B. 138 Cubikmeter durch den Gasmesser gegangen, so muss in dem Ausschnitt die Zahl 6 zu sehen sein, weil 138 : 11 den Rest 6 gibt. Wären aber irrthümlich 158 Cubikmeter aufgeschrieben, so würde die Division 158 : 11 die Restzahl 4 ergeben, woraus das Versehen erkennbar wird.

Soll diese Controlvorrichtung für n a s s e G a s m e s s e r verwendet werden, so wird auf dem Zifferblatt eine durch Farbe und Aufschrift deutlich gekennzeichnete Controlzählscheibe angebracht, deren Zeigerachse ein in das Einerrad eingreifendes Zahnrad trägt, dessen Zahnzahl sich zu der des ersteren wieder wie 11 : 10 verhält, so dass die Angabe der Controlscheibe in gleicher Weise gegen Ablesungsfehler sichert, wie vorher die Controlziffer.

Zu beachten ist hierbei freilich, dass diese Controle nicht mehr richtig bleibt, wenn das Zählwerk nach seinem ersten vollständigen Ablauf wieder von vorn zu zählen beginnt.

Eine andere Control-vorrichtung, die neuerdings an Gasmessern angebracht wird, besteht darin, dass mit dem Hauptzählwerk ein zweites ständig fest verbunden ist, welches den Gasverbrauch nach seinem Geldwerth registrirt, so dass man an ihm in Mark und Pfennig ablesen kann, wie viel der

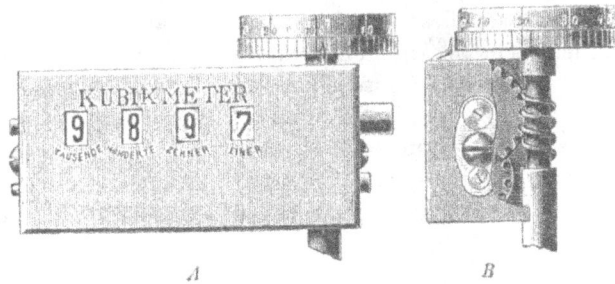

Fig. 24.

Consument seit Aufstellung des Gasmessers zu bezahlen hat. Die Uebertragung auf das zweite Zählwerk ist naturgemäss abhängig von dem Preise des Gases und ein für einen bestimmten Preis eingerichteter Controlzähler ist nur an solchen Orten zu gebrauchen, an denen der Preis des Gases derselbe ist.

Endlich wurde noch eine Sicherung gegen die Ablesungsfehler dadurch zu erlangen gesucht, dass man statt der bis dahin allein üblichen schleichenden Zählwerke sogenannte s p r i n g e n d e Zählwerke für Gasmesser verwendet. Von solchen Zählwerken kommen indessen vor der Hand nur solche nach

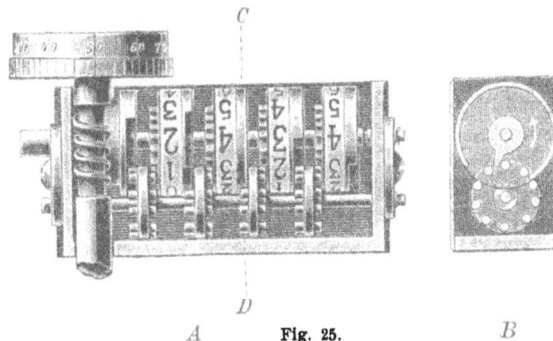

Fig. 25.

A. K a i s e r ' s Patent (D. R. P. No. 30460) in Betracht, die in den nebenstehenden Figuren 24 und 25 veranschaulicht sind. Fig. 24 A zeigt das Zählwerk von vorn, Fig. 24 B von der Seite mit durchbrochener Seitenwand, wobei die Uebertragung der Bewegung der Welle auf die erste Zählscheibe sichtbar ist. Fig. 25 A gibt eine Rückansicht, während in Fig. 25 B ein Schnitt durch C D abgebildet ist.

Die Zählscheiben, deren am Rande aufgetragene Ziffern in den Ausschnitten der Vorderplatte nacheinander sichtbar werden, sind auf eine gemeinsame horizontale Achse lose aufgesteckt. Unter dieser liegt eine zweite Achse, welche die ebenfalls lose aufgesteckten Schalträder trägt. Letztere sind kreisrunde Scheiben mit zehn zu beiden Seiten vorstehenden Stiften.

Die erste Zählscheibe trägt auf der einen Seite ein Zahnrad, in das die Schnecke der verticalen Welle eingreift. Die Zahl der Zähne hängt von dem Inhalt der messenden Räume des Gasmessers, sowie von dem Uebertragungsmechanismus ab. Auf der anderen Seite ist die Zählscheibe mit einem erhabenen, an einer Stelle aus gespartem Rande und innerhalb des letzteren mit einem Einzelzahn versehen. Der erhabene Rand geht durch die Stifte des ersten Schaltrades hindurch, so dass sich immer drei derselben in seinem Innern befinden. Hierdurch ist eine Sicherung gegen Fehlbewegungen erzielt, indem eine Verrückung des Schaltrades so lange verhindert wird, bis die Aussparung im Rande es freilässt, wobei gleichzeitig der Einzelzahn in die Stifte eingreift und das Schaltrad um $\frac{1}{10}$ Umdrehung fortschiebt. Gleich darauf schiebt sich der erhabene Rand wieder zwischen die Stifte des Schaltrades und verhindert die weitere Bewegung. Die Stifte auf der anderen Seite des Schaltrades greifen in eine Verzahnung von 10 Zähnen an der zweiten Zählscheibe ein, so dass diese mit dem ersten Schaltrad bei jeder Umdrehung der ersten Zählscheibe um $\frac{1}{10}$ Umdrehung fortgerückt wird. — Die Uebertragung der Bewegung auf die übrigen Zählscheiben erfolgt in derselben Weise.

Die springenden Zählwerke haben vor den schleichenden unzweifelhaft den Vorzug der leichteren und sichereren Ablesbarkeit, da bei ihnen von jeder Zählscheibe nur die gerade geltende Ziffer sichtbar ist und diese Ziffern in derselben Weise hintereinander stehen, wie man gewöhnliche Zahlen zu lesen gewohnt ist.

Fig. 1. Ansicht von vorn. ½ nat. Gr.

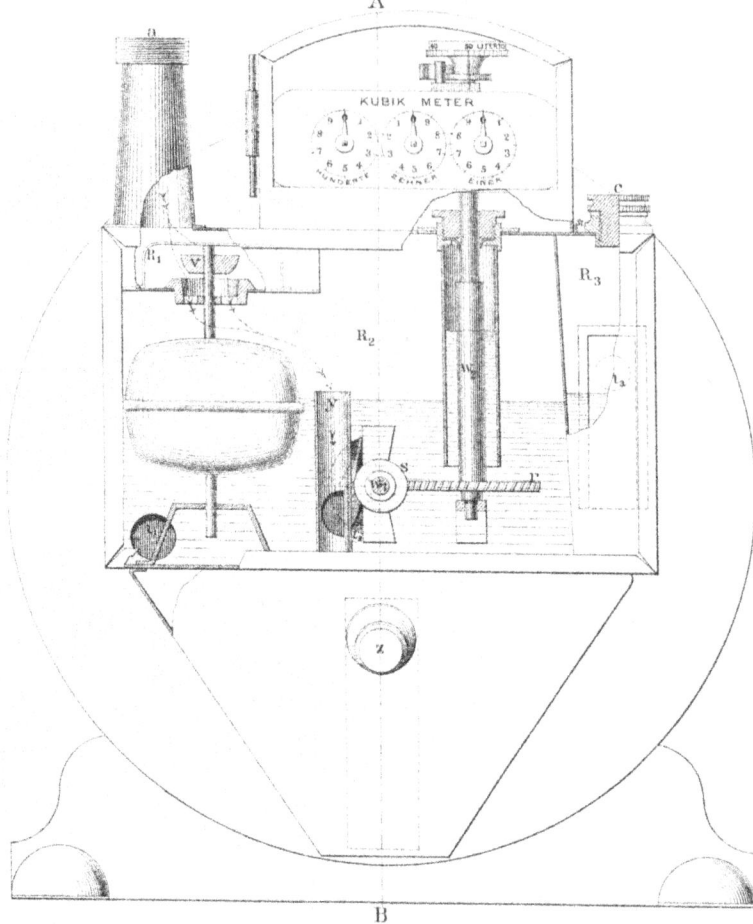

Fig 2. Schnitt na

Fig 4. Zählwerk.

Fig. 3. Perspectivische Ansicht. ⅓ nat. Gr.

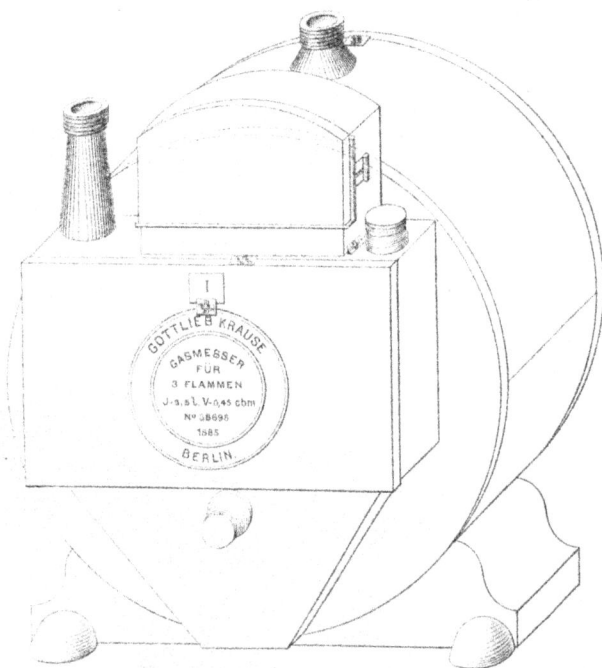

Fig. 4 a.

KUBIK

HUNDERTE   ZEHN

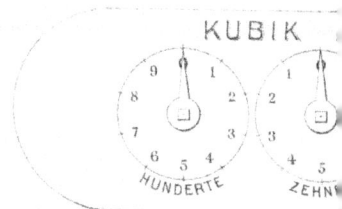

Fig. 4 b.
Schnitt nach E.F.

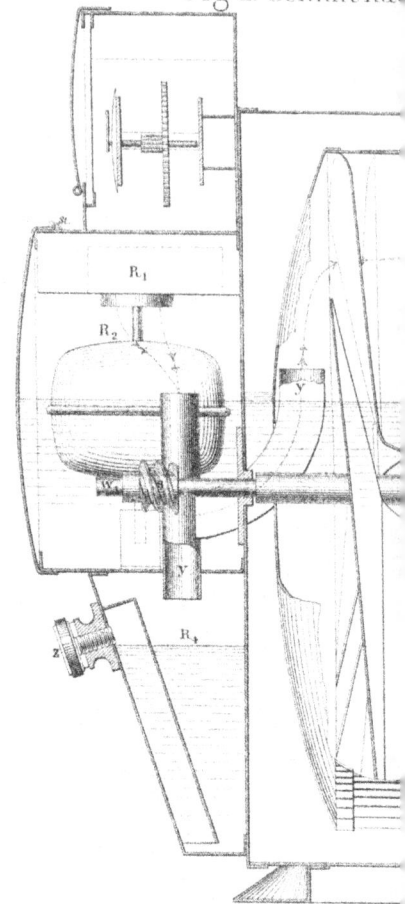

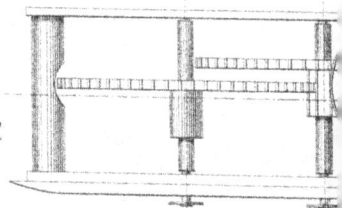

GOTTLIEB KRAUSE

GASMESSER
FÜR
3 FLAMMEN
J-3,5 l. V-0,45 cbm
No 38695
1885
BERLIN.

Fig. 4 c.
Schnitt nach C.D.

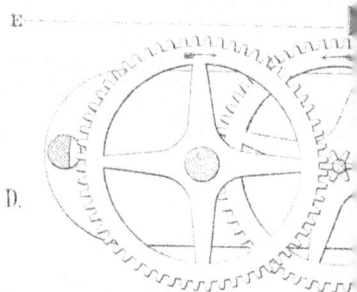

Fig. 5-7. Darstellung der Wirkungsweise
(in Fig 6 a-c nach Drehung der Trommel um 45° gegen Fig. 5 a-c)

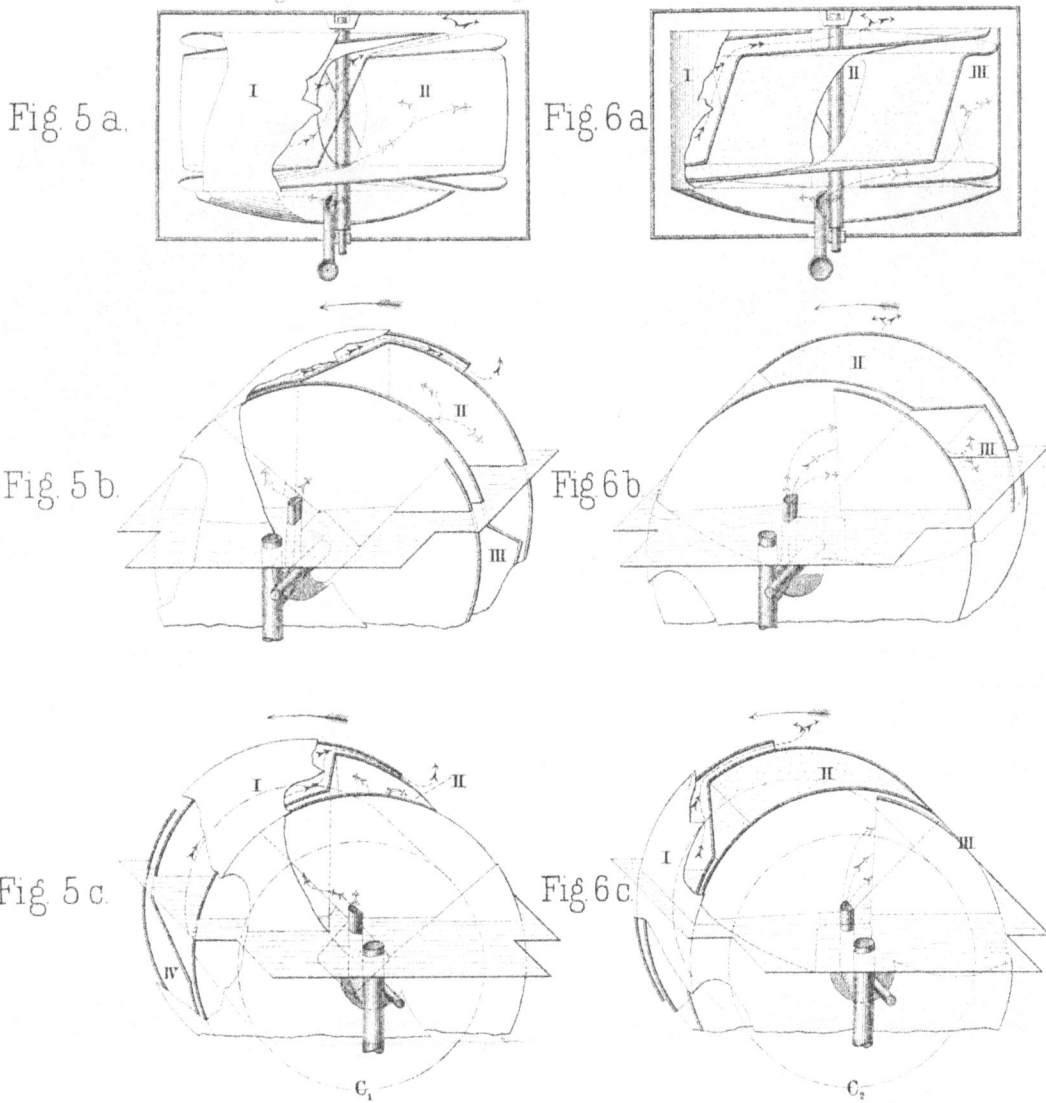

Fig. 5 a.   Fig. 6 a.

Fig. 5 b.   Fig 6 b.

Fig 5 c.   Fig 6 c.

C_1 C_2

Abwickelung des Cylindermantels C_1

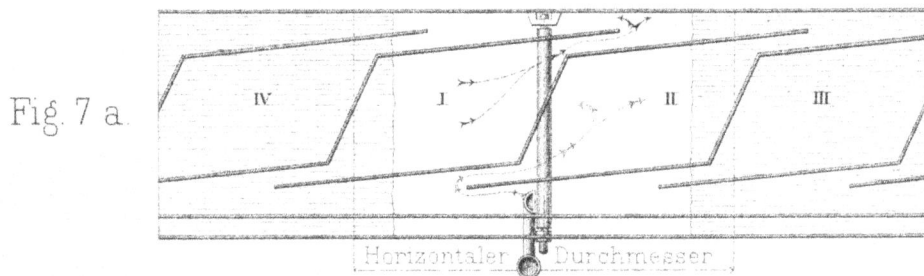

Fig. 7 a.   IV   I   II   III

Horizontaler Durchmesser

Abwickelung des Cylindermantels C_2

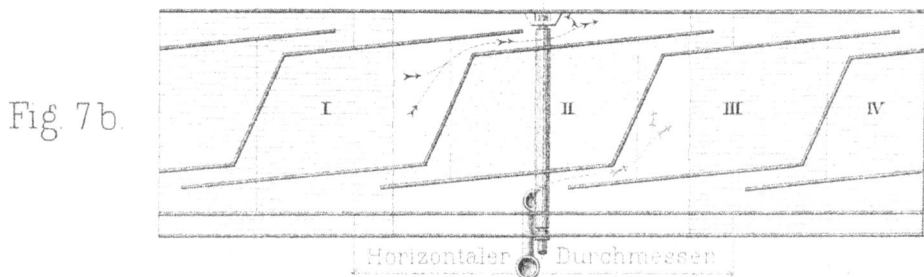

Fig. 7 b.   I   II   III   IV

Horizontaler Durchmesser

¼ nat. Gr.

Trommel nach F. Heise. System Ia.

Fig.1.Vorderansicht der Trommel mit freigelegten Kammern.

Fig.3. Vorderansicht der Trommel.

Fig.5. Darstellung der Wirkungs

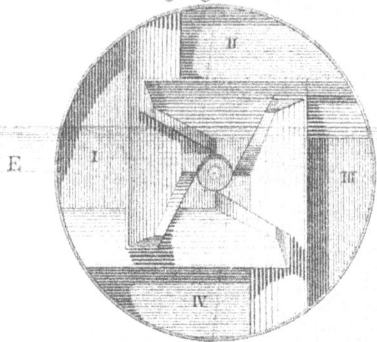

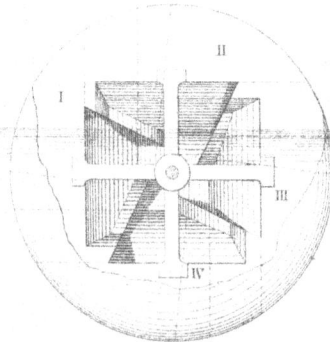

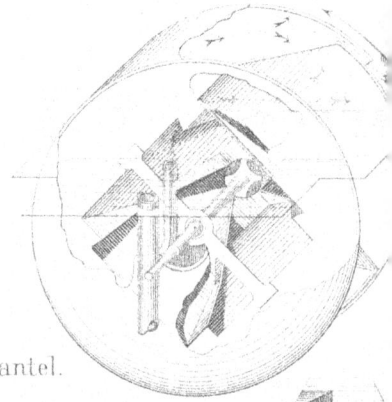

Fig.2. Schnitt nach E.F.

Fig.4. Ansicht der Trommel mit abgedecktem Mantel.

Fig.6. Ansicht einer Schaufel.

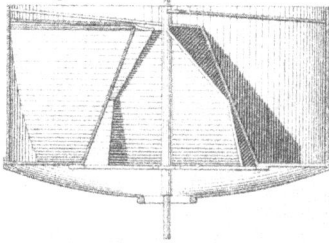

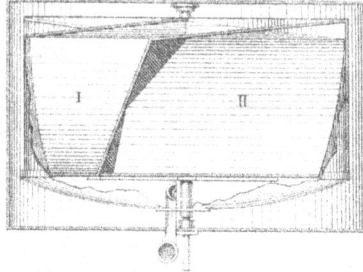

Trommel nach A. de Siry, Lizars & Cie. System IIb.

Fig.10-13. Darstellung der Wirkungsweise in vier Drehungsphasen der

Fig.7 Trommel mit abgedeckten Deckschaufeln.

Fig.10.

Fig.11.

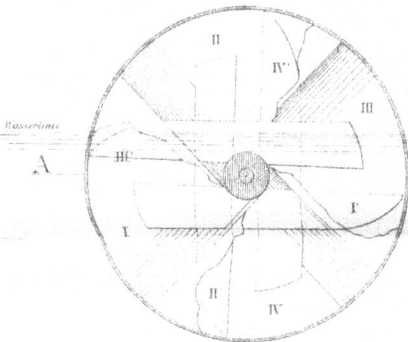

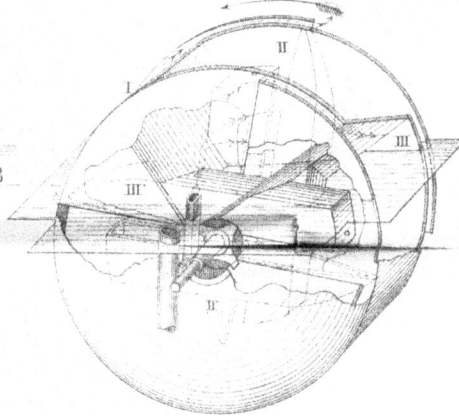

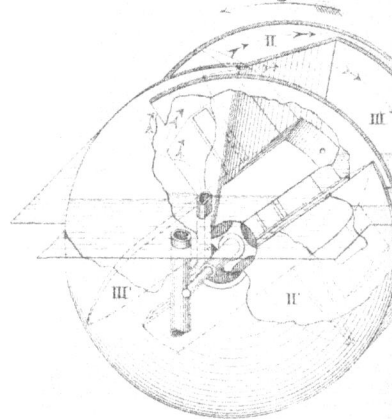

Fig.8. Schnitt nach A B.

Fig.12.

Fig.13.

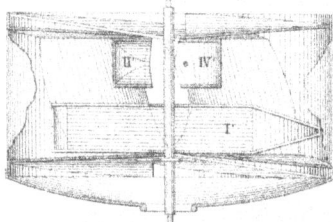

Fig.9. Ansicht der Trommel mit abgedecktem Mantel.

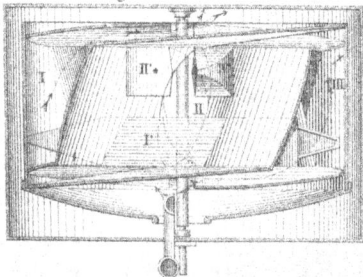

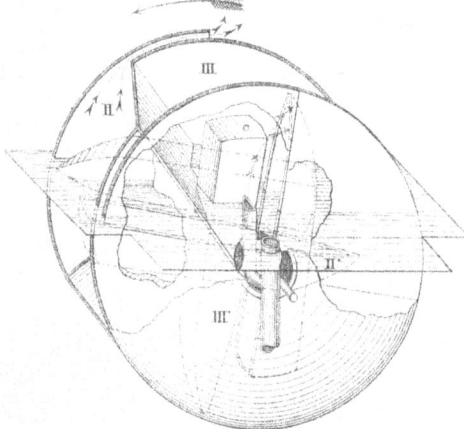

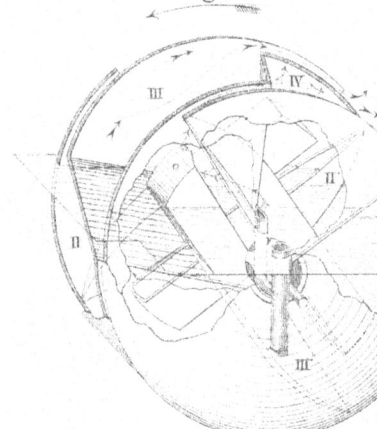

Trommel nach Warner und Cowan. System IIa.

Fig 14. Ansicht der Trommel von hinten.

Fig.15. Schnitt nach C D.

Fig 16. Ansicht der Trommel von vorn nach theilweiser Abdeckung des Mantels und der Deckschaufeln.

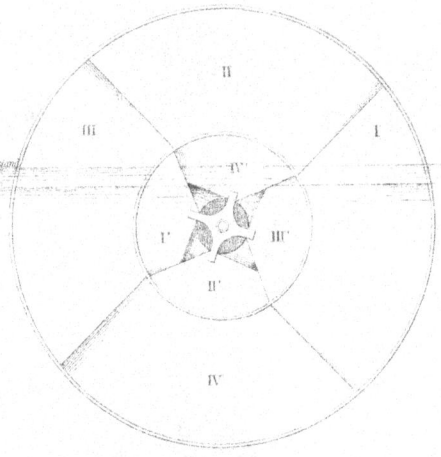

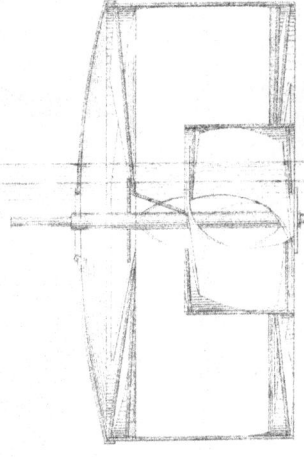

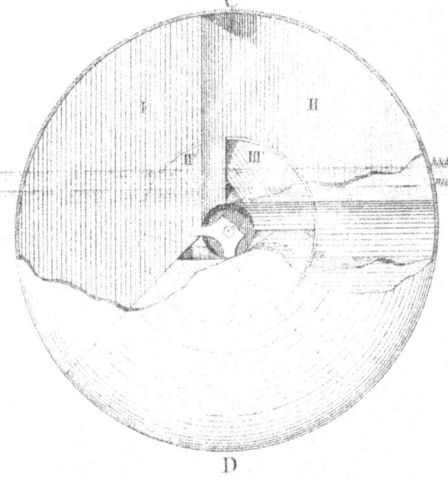

Fig 17a.

Fig 17u18. Darstellung der Wirkungsweise

(in Fig. 18a–c nach Drehung

der Trommel um 45°

gegen 17a–c.)

Fig. 18a.

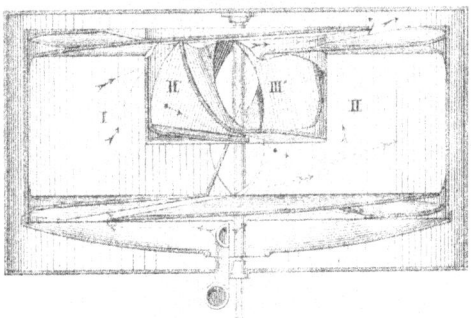

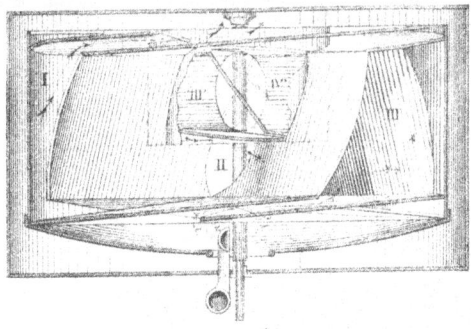

Fig 17b

Fig 18b

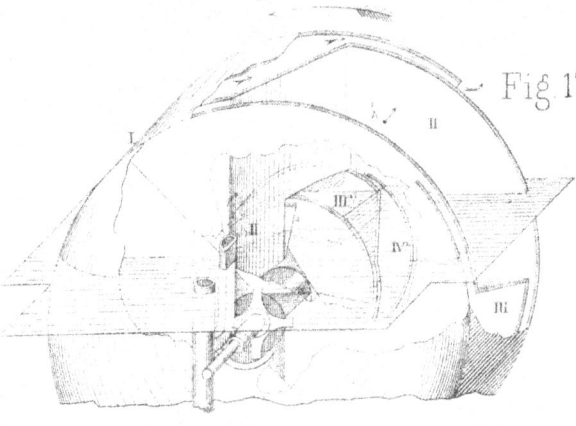

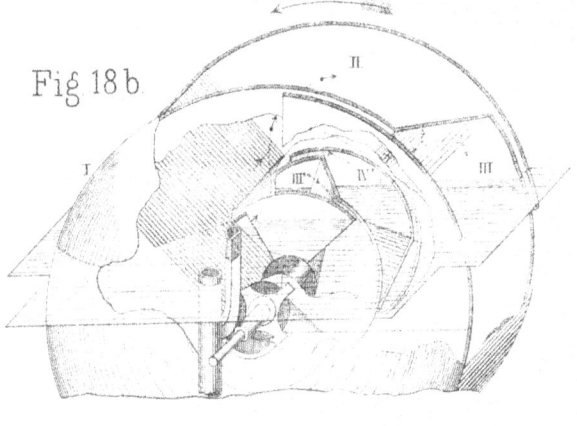

Fig 17 c.

Fig 18 c.

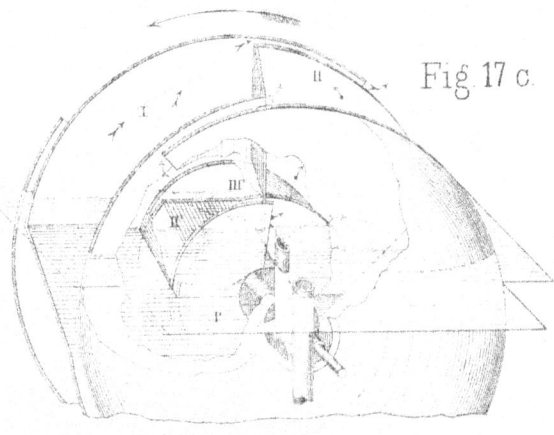

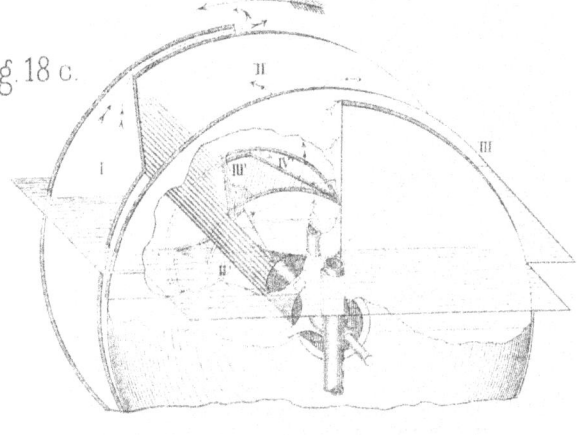

Fig.1. Längsschnitt ⅟₁₀ nat.Gr.

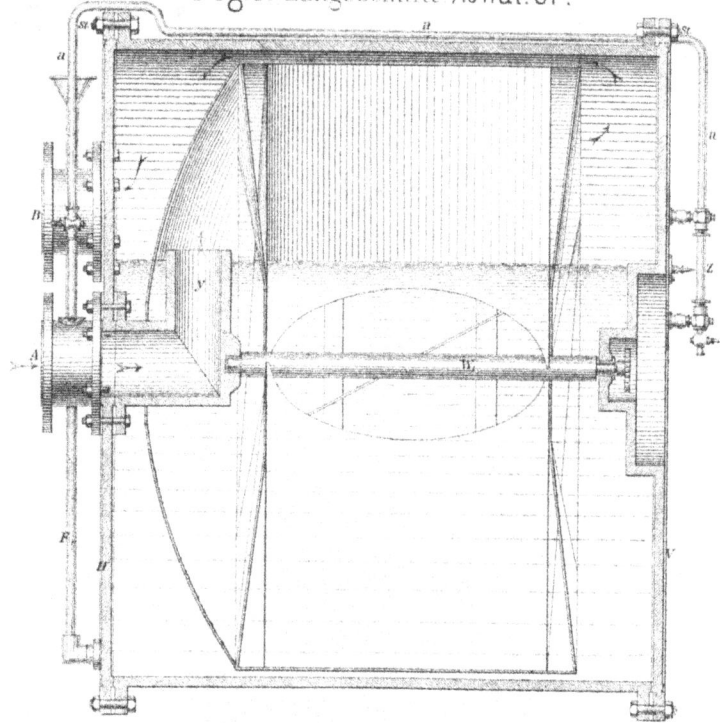

Fig.2. Vorderansicht. ⅟₁₀ nat.Gr.

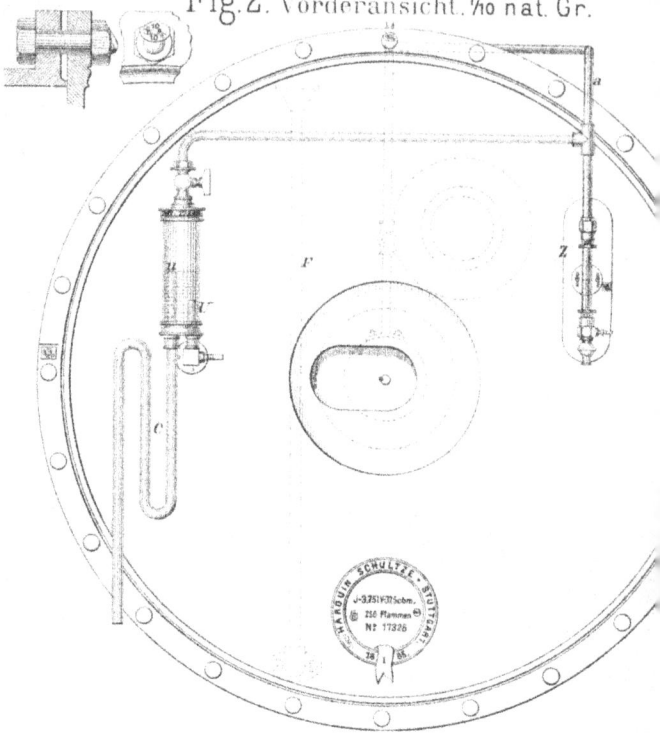

Fig 4-7. Zählwerk mit horizontaler Hauptwelle.

Fig.4. Schnitt nach A B. ⅜ nat.Gr.

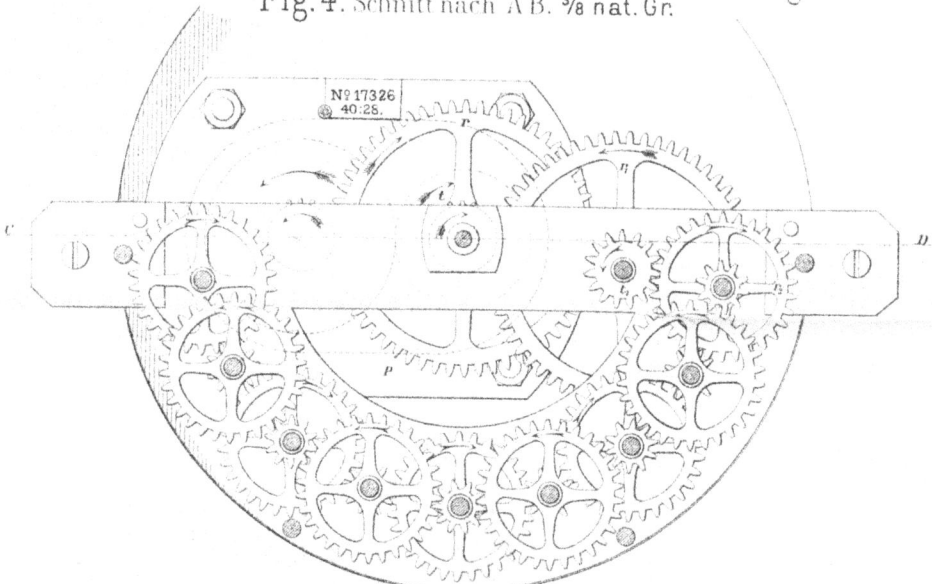

Fig.6.

No. 17326
40:28.

KUBIK

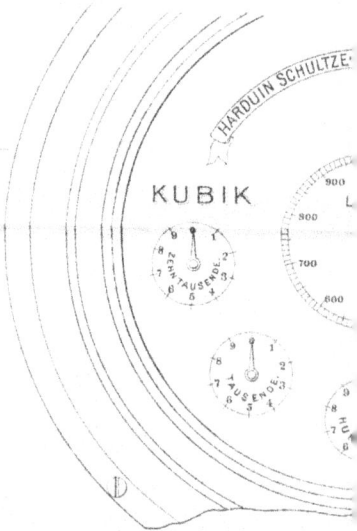

Fig.5. Schnitt nach C D. ⅜ nat.Gr.

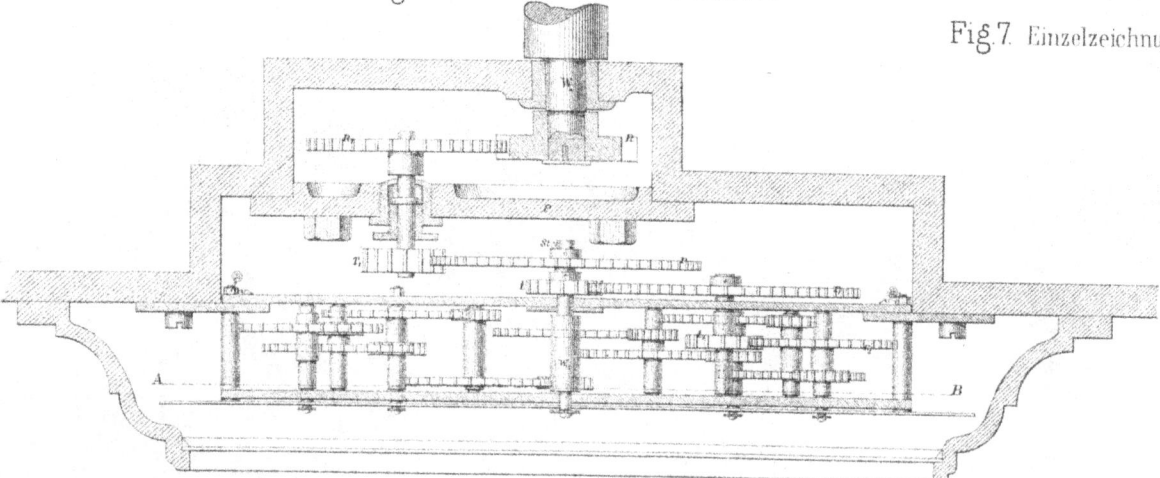

Fig.7. Einzelzeichnungen für die Uebertrag

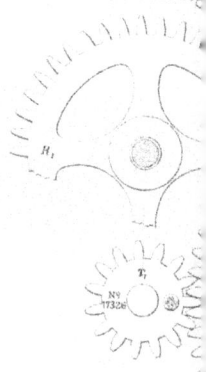

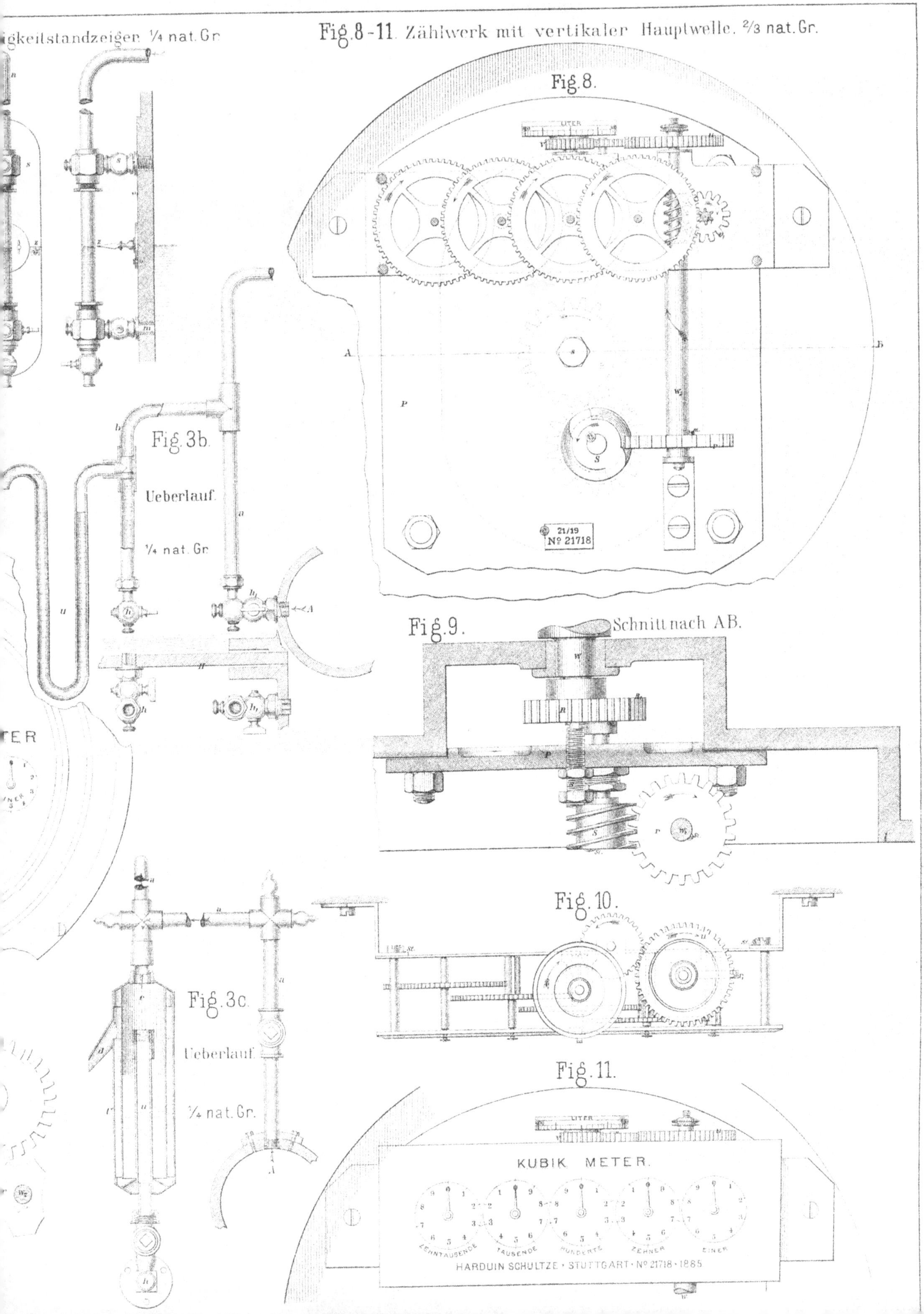
igkeitstandzeiger ¼ nat. Gr.
Fig. 8-11. Zählwerk mit vertikaler Hauptwelle. ⅔ nat. Gr.
Fig. 8.
LITER
21/19
Nº 21718
Fig. 3b.
Ueberlauf.
¼ nat. Gr.
Fig. 9.
Schnitt nach AB.
Fig. 10.
Fig. 3c.
Ueberlauf.
¼ nat. Gr.
Fig. 11.
LITER
KUBIK METER.
ZEHNTAUSENDE
TAUSENDE
HUNDERTE
ZEHNER
EINER
HARDUIN SCHULTZE · STUTTGART · Nº 21718 · 1885

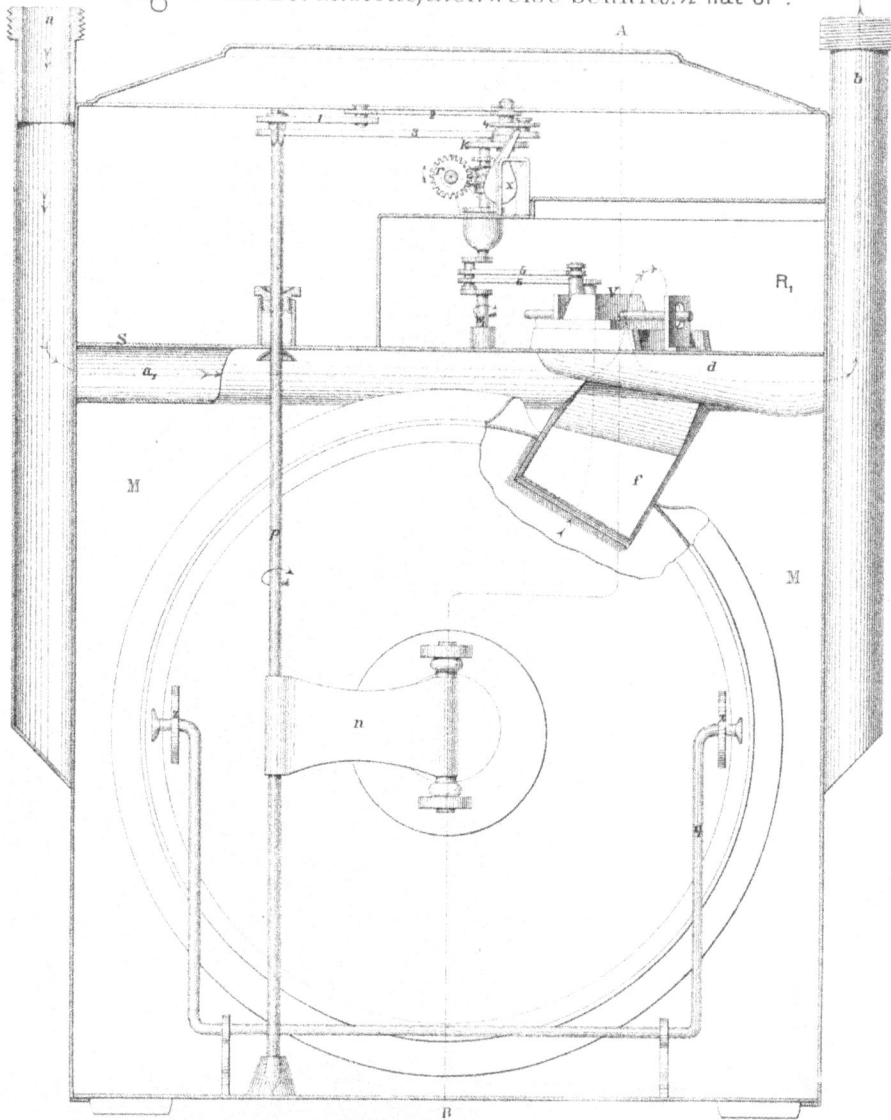

Fig. 1. Vorderansicht, theilweise Schnitt. ½ nat. Gr.

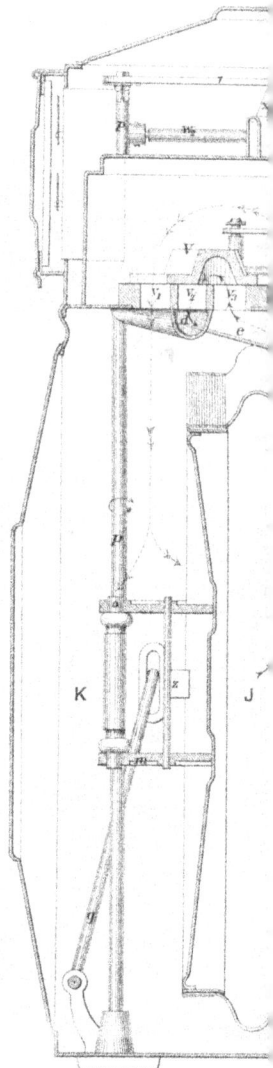

Fig 2. Seitenans

Fig. 4. Einzelheiten

Fig. 4a. Ansicht nach

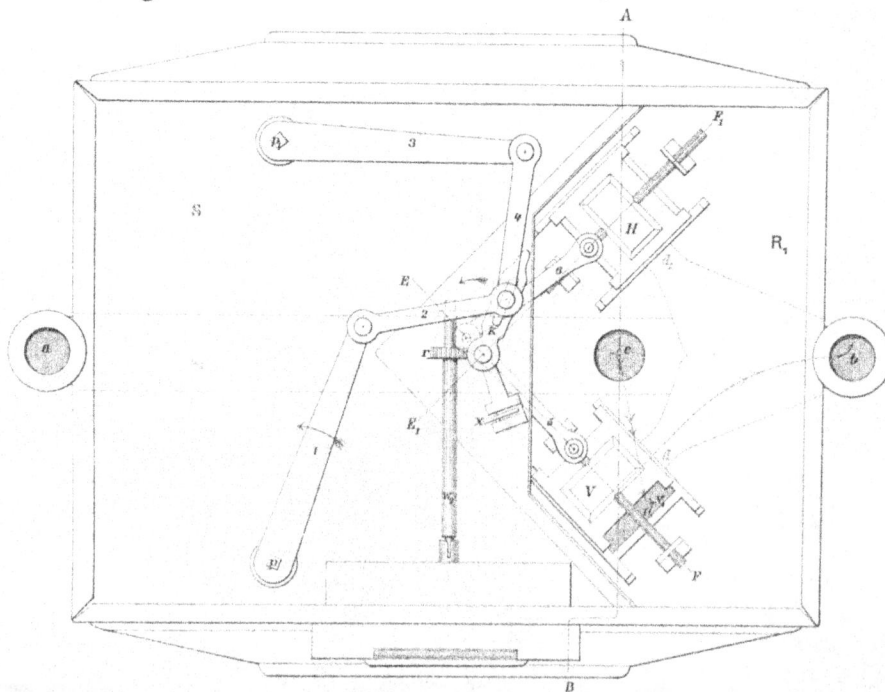

Fig. 3. Ansicht von oben ohne Verschlussplatte. ½ nat. Gr.

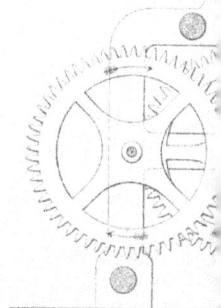

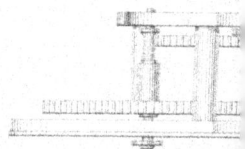

Fig. 4b.

ach AB.½ nat.Gr.

Fig. 5. Ventile.

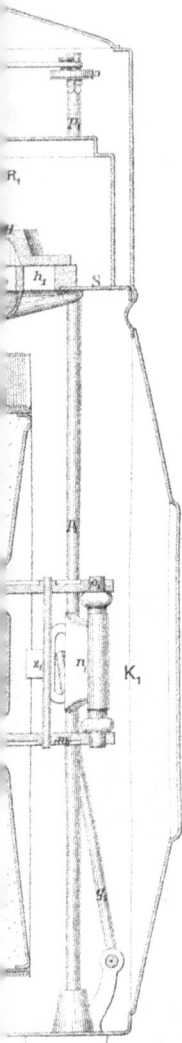

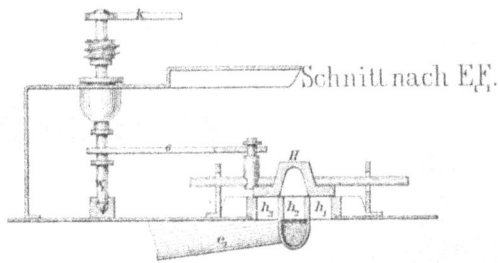

Schnitt nach EF.

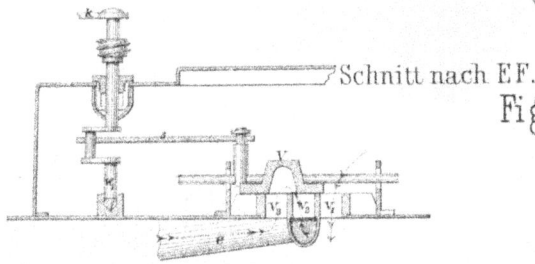

Schnitt nach EF.

Fig. 7. Zifferblatt des Zählwerks. ⅟₁ nat. Gr.

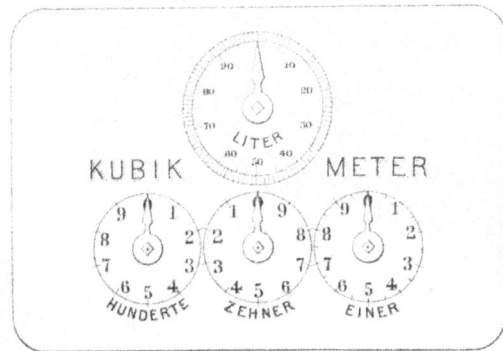

Fig. 8ᵇ. Perspectivische Rückansicht. ¼ nat Gr.

Fig.6. Darstellung der Wirkungsweise

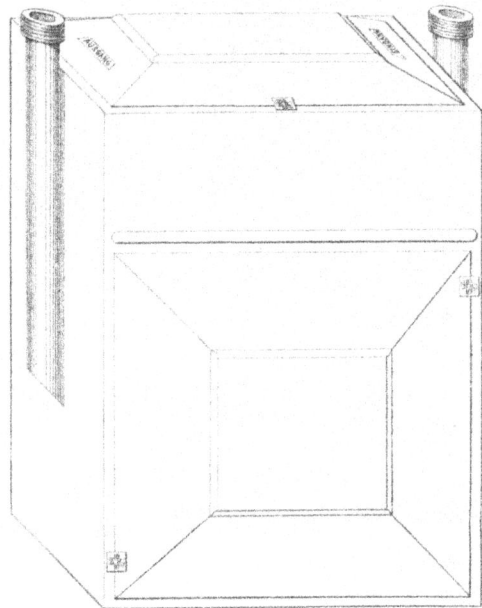

Fig. 6a.

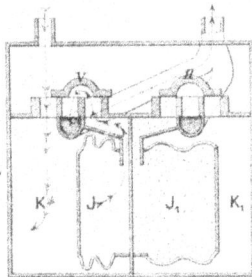

Fig.6b.

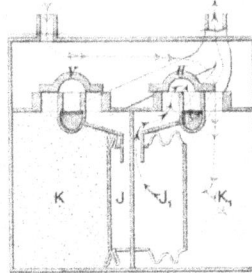

Fig.6c.

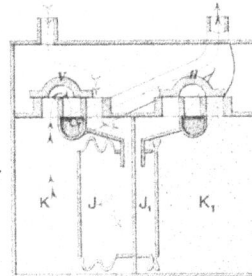

Fig.6d.

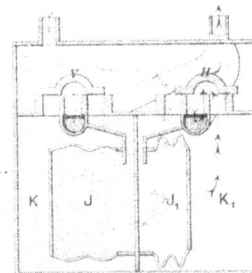

1 nat.Gr.
ifferblattes.

Fig. 8a. Perspectivische Vorderansicht. ¼ nat. Gr.

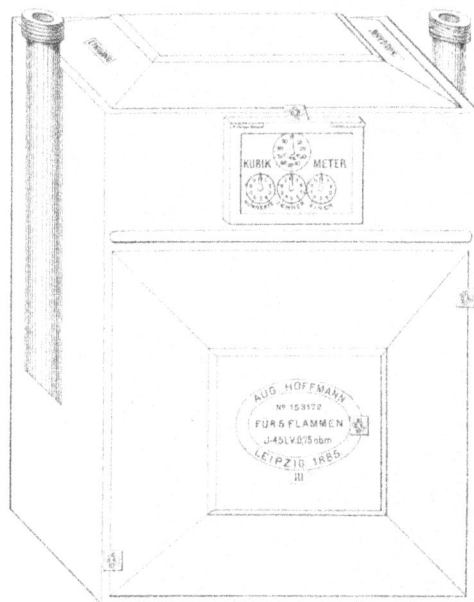

Fig. 1. Ansicht von oben nach Abnahme des Deckels. ²/₅ nat. Gr.

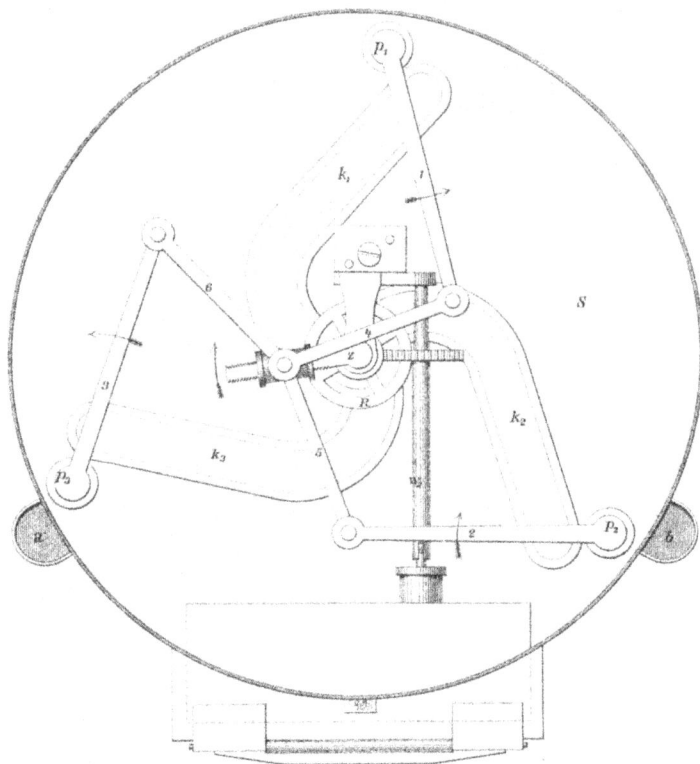

Fig. 3. Theilweiser Schnitt nach A B. ²/₅

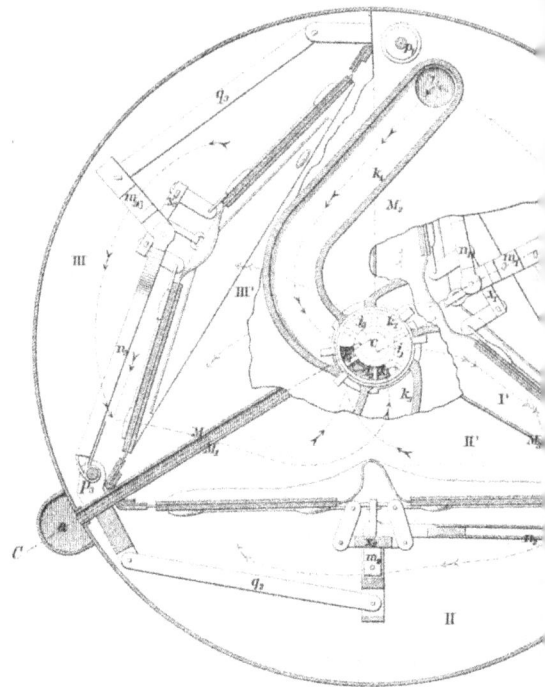

Fig. 2. Ansicht von vorn nach Abnahme der Vorderwand und des Zählwerkdeckels. ²/₅ nat. Gr.

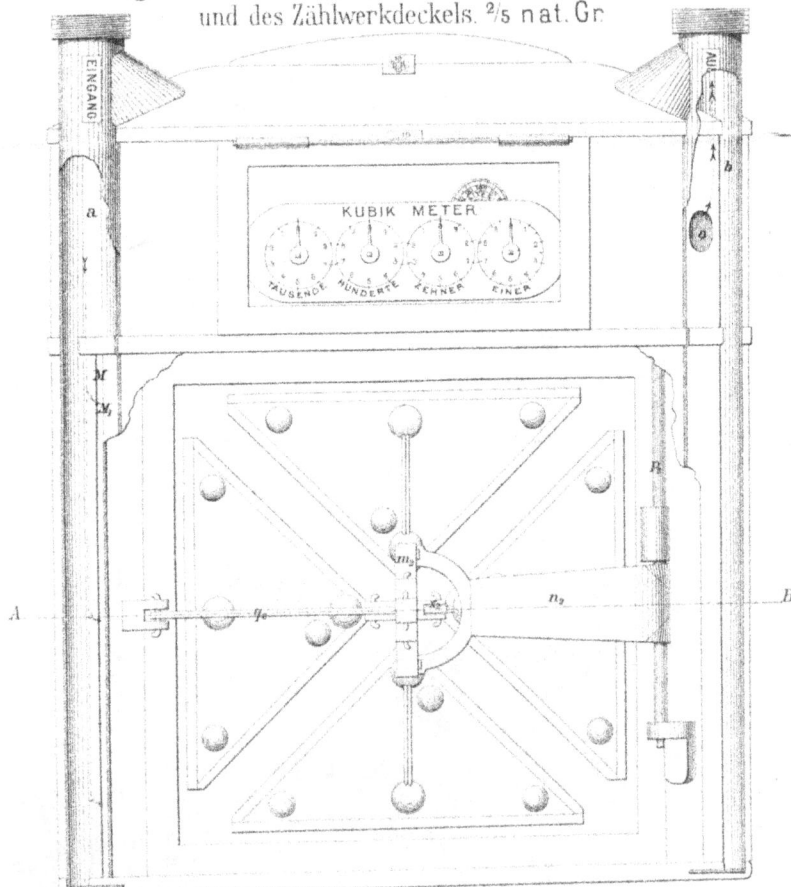

KUBIK METER

TAUSENDE   HUNDERTE   ZEHNER   EINER

EINGANG

Fig. 4. Theilweiser Schnitt nach C D. ²/

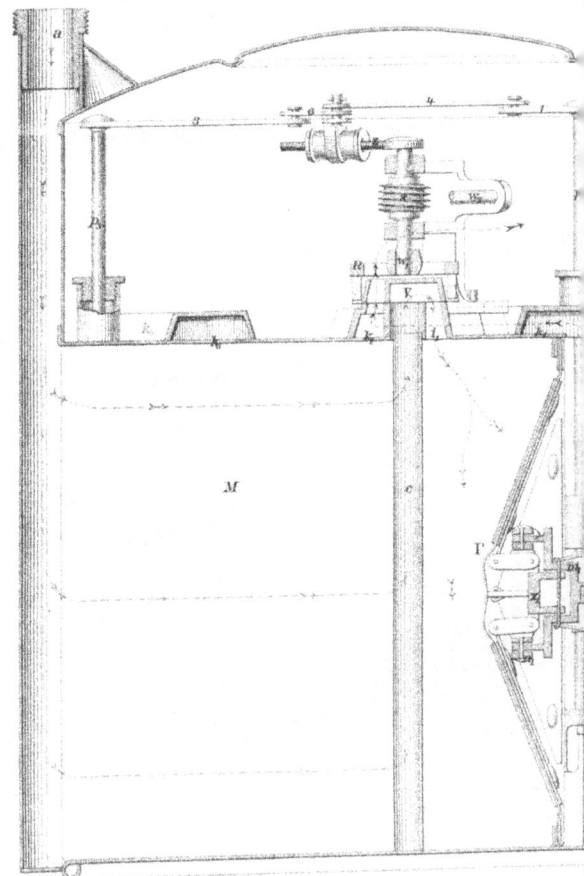

Fig. 7. Perspectivische Ansicht. ¼ nat. Gr.

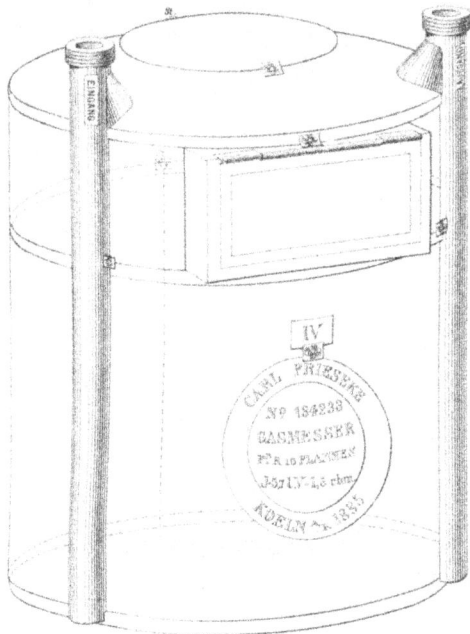

Fig. 6. Darstellung der Wirkungsweise.
Ansicht von oben. Ventil und Bälge im Schnitt.
Fig. 6 a.

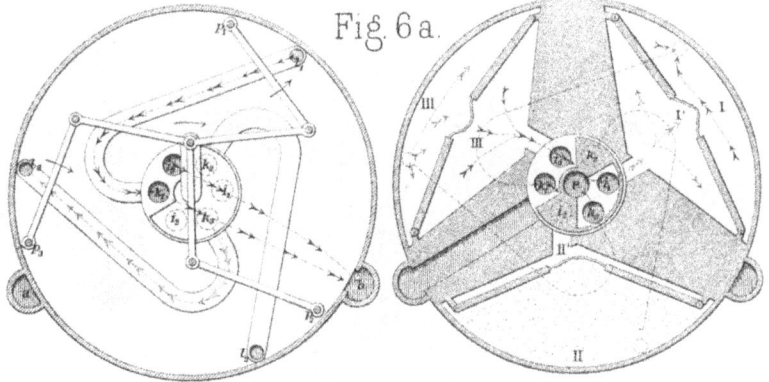

Fig. 6 b. Kurbel und Ventil um 60° gedreht.

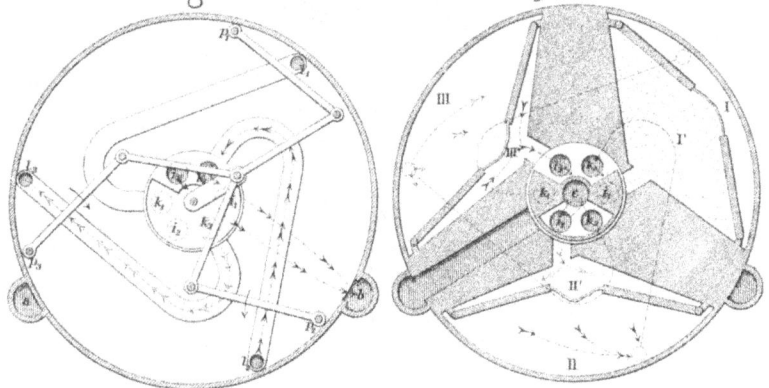

Fig. 5. Ventil. ⅕ nat. Gr.
Fig. 5a. Ansicht von oben.

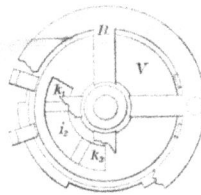

Fig. 6 c. Um 2 mal 60° gedreht.

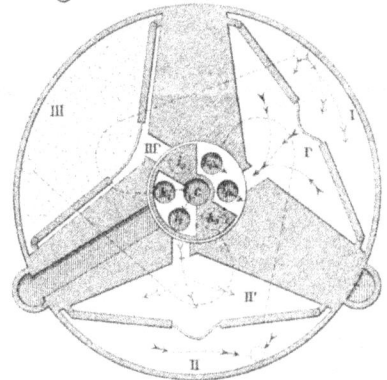

Fig. 8. Zählwerk eines Gasmessers
für 5 Flammen. ⅔ nat. Gr.

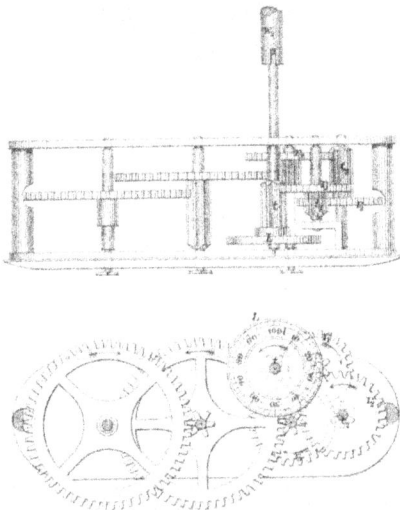

Fig. 5 b. Schnitt nach E F.

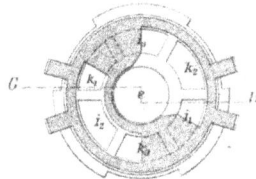

Fig. 5 c. Schnitt nach G H

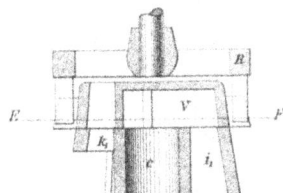

Fig. 6 d. Um 3 mal 60° gedreht.

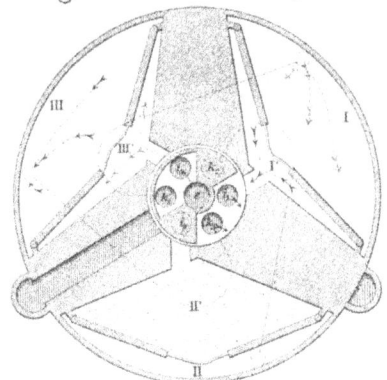

Fig. 1. Vorderansicht theilweise Schnitt ½ nat. Gr.

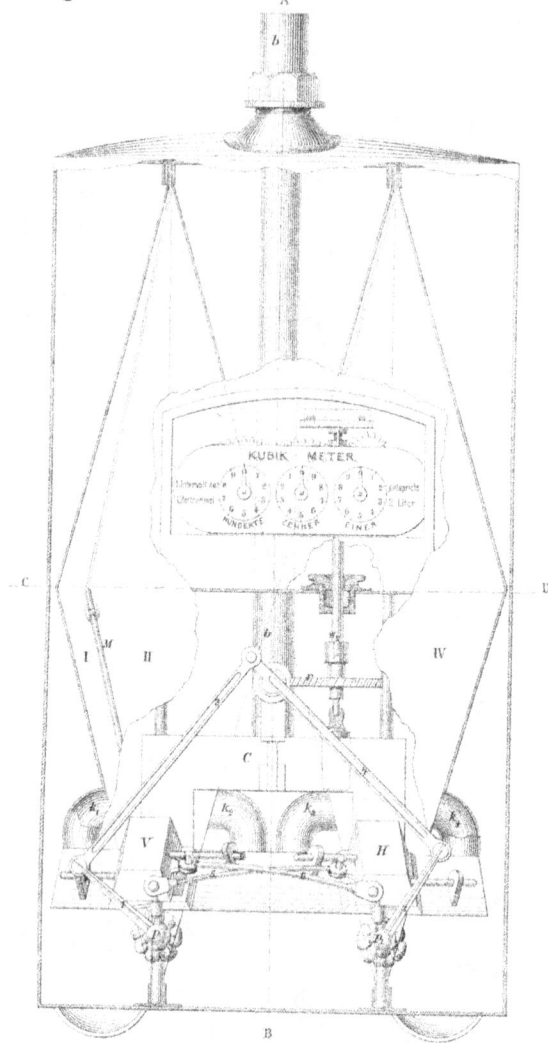

Fig. 3. Seitenansicht, Schnitt nach AB.

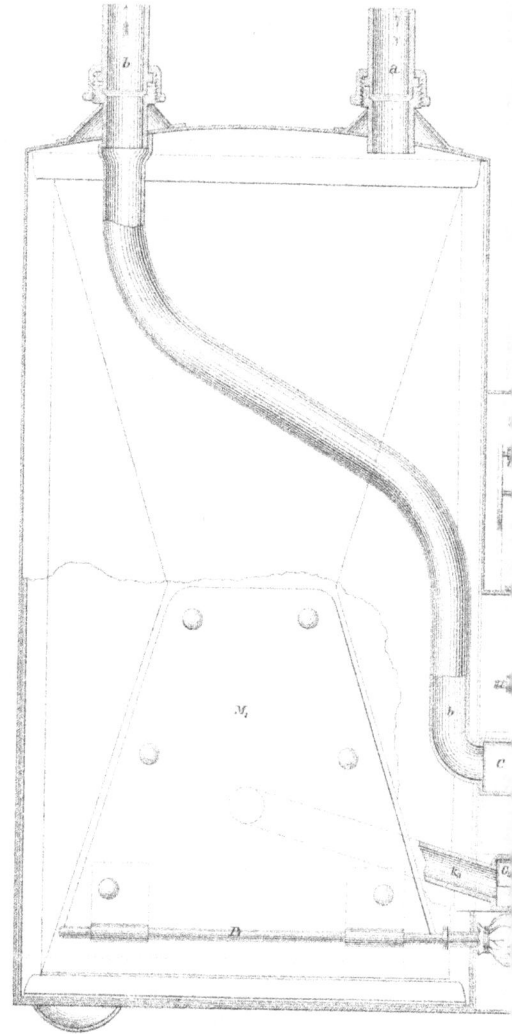

KUBIK METER

Fig 2. Ansicht von oben. Schnitt nach C D. ½ nat Gr.

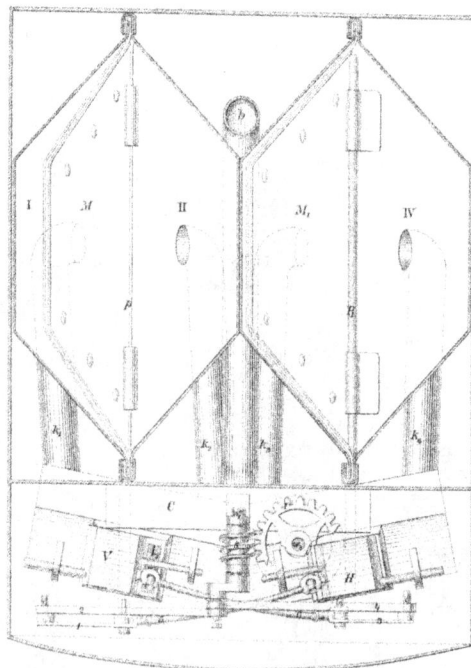

Fig. 5 Perspectivische Vorderansicht. ¼ nat Gr.

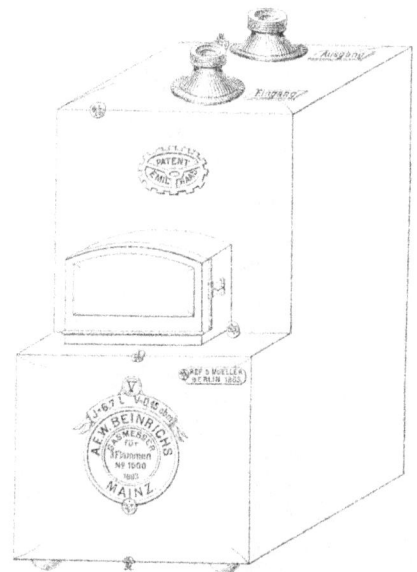

Fig. 6 u. Fig. 7. Steuerungskasten. ½ nat. Gr.

ch eine Kapsel. ½ nat. Gr.　Fig 6 b. Schnitt durch Schlitz v.

Fig 6 a.　Ansicht.

Fig 6 c. Schnitt nach c d.

Fig 6 d. Schnitt nach e f.

Fig 7 b. Schnitt durch Schlitz h.

Fig. 7 a.　Ansicht.

Fig 7 d. Schnitt nach m n.　　Fig 7 c.　　Fig 7 e. Schnitt nach e f.

Vorderansicht　　　Ansicht von oben　　　Rückansicht
　　　　　　　　mit abgedecktem Mantel

Fig 8. Darstellungen der Wirkungsweise und der Kurbelstellungen.

Fig 8 b.　　　Fig 8 c.　　　Fig 8 d.

www.ingramcontent.com/pod-product-compliance
Lightning Source LLC
Chambersburg PA
CBHW081428190326
41458CB00020B/6141